版权声明

HOT SKILLS: Developing Higher-Order Thinking in Young Learners, 1st Edition
by Steffen Saifer
Copyright © 2018 by Steffen Saifer
Published by arrangement with Redleaf Press c/o Nordlyset Literary Agency
through Bardon-Chinese Media Agency
Simplified Chinese translation copyright © 2022
by China Light Industry Press Ltd. / Beijing Multi-Million New Era Culture and Media Co., Ltd.
ALL RIGHTS RESERVED

保留所有权利。非经中国轻工业出版社"万千教育"书面授权，任何人不得以任何方式（包括但不限于电子、机械、手工或其他尚未被发明或应用的技术手段）复印、拍照、扫描、录音、朗读、存储、发表本书中任何部分或本书全部内容。中国轻工业出版社"万千教育"未授权任何机构提供源自本书内容的电子文件阅览、收听或下载服务。如有此类非法行为，查实必究。

Hot Skills
Developing Higher-Order Thinking in Young Learners

如何培养儿童的高阶思维

[美]斯蒂芬·赛菲尔（Steffen Saifer）／著
王兴华 邱月 等／译

中国轻工业出版社

图书在版编目（CIP）数据

如何培养儿童的高阶思维／（美）斯蒂芬·赛菲尔
（Steffen Saifer）著；王兴华等译. —北京：中国轻工业
出版社，2022.12（2025.7重印）
ISBN 978-7-5184-4113-6

Ⅰ.①如… Ⅱ.①斯… ②王… Ⅲ.①儿童–思维
训练②儿童教育–家庭教育 Ⅳ.①B80②G782

中国版本图书馆CIP数据核字（2022）第160176号

责任编辑：牟 聪　　　责任终审：张乃柬
策划编辑：牟 聪　　　责任校对：刘志颖　　　责任监印：吴维斌

出版发行：中国轻工业出版社（北京鲁谷东街5号，邮编：100040）
印　　刷：三河市鑫金马印装有限公司
经　　销：各地新华书店
版　　次：2025年7月第1版第3次印刷
开　　本：710×1000　1/16　印张：12
字　　数：120千字
书　　号：ISBN 978-7-5184-4113-6　　定价：52.00元
读者热线：010-65181109
发行电话：010-85119832　　010-85119912
网　　址：http://www.chlip.com.cn　　http://www.wqedu.com
电子信箱：1012305542@qq.com
版权所有　侵权必究
如发现图书残缺请拨打读者热线联系调换
251036Y1C103ZYW

译 者 序

科学领域有科学家提出不确定性原理,用来说明微观世界粒子行为的不可预测性。现今,面对时代和未来的不确定性,全民焦虑成了社会常态。为了适应未来社会发展,教育领域开始了从"知识"教育走向"素养"教育的变革。素养教育强调教育的使命是帮助学生发展适应个人终身发展和社会发展需要的关键能力,这种关键能力的核心属性是通用性和迁移性。而认知领域关键能力的核心就是本书中所讲的高阶思维。

有效地使用一系列高阶思维技能,学生的思维会更具有灵活性,也更有可能在遇到新的问题或不熟悉的情境时,应用自己曾学过的知识。遗憾的是,在当今的学校教育里,低阶思维教学仍占据着主导地位。即使开展高阶思维教学,可能也会存在一些误区。比如存在认识的误区,认为年幼学习者不具备高阶思维的能力,或者高阶思维只是特定学科(如科学和艺术领域)需要的;再比如存在实践的误区,过度关注学生的成功体验,不敢设置挑战,或强调学生动手操作,忽略学生在动手的过程中是否真正动脑思考。

在此背景下,翻译并出版斯蒂芬·赛菲尔博士的《如何培养儿童的高阶思维》(*Hot Skills: Developing Higher-Order Thinking in Young Learners*)一书,相信能够对教育实践工作者、儿童家长,以及高校教育相关专业的师生带来宝贵的启示。本书传递的基本理念是教育要走在发展的前面,教师要提供适宜的支架来支持儿童的发展,而不是在低水平的操作任务上重复练习,进行低效或无效的学习。在低于自己能力的任务中的成功体验并不能增加个体的自我效能感,完成有挑战的任务才能真正带来成功的体验,才能实现个体的成长。

本书分理论和实践两部分。在理论部分，经典的布鲁姆认知目标分类将记忆、理解和应用归为低阶思维，而分析、评价和创造则指向高阶思维。在本书中，作者在低阶和高阶思维的基础上，又区分了中阶思维，并且在每一种思维水平上进一步列举了更为具体的思维技能。同时，在思维技能之外又增加了思维过程。这样做的优势在于读者对这些概念不再模棱两可，能够理解在完成一个任务的思维过程中需要组合运用多种思维技能；但我们不建议在阅读的过程中过于纠结这些概念，正如本书传递的理念——批判与创造性地应用比记忆这些概念本身更重要！此外，虽然本书强调高阶思维技能的培养，但也不必矫枉过正，认为只有高阶思维参与的教学活动才是好的。低阶思维同样重要，如果没有对信息的准确记忆，掌握足够多的素材，就很难完成对信息的高阶加工。

在实践部分，作者提供了翔实的案例，阐述了教师在日常教育和教学活动中可以如何运用具体的策略来激发学生的高阶思维，如何设置一些游戏情境，以支持与促进儿童高阶思维的发展。丰富的案例能够让读者在阅读过程中更有效地理解书中所讲述的教育理念和策略，也更容易与自身的教育和教学经验联系起来，但一些案例从文化适宜的角度来考虑，读起来可能不那么亲切。这就需要我们调用高阶思维，不是简单地照搬具体的策略，而是要归纳/理论化，举一反三。正如第六章的标题所言——更多创新、更少模仿。此外，在每章后面的"讨论"部分，作者提供的一些开放式问题能够帮助你反思自己的教学实践，练习高阶思维技能。在教学中促进儿童高阶思维发展，需要教师或家长运用自身的高阶思维，需要不断尝试、改进。对于教师而言，学校的教研制度提供了一个很好的平台，你可以和同事讨论这些策略，互相交流，共同进步。

本书由北京师范大学学前教育研究所的几位师生合力翻译完成，参与翻译的人员有：邱月、冯雲梦、周真仪、罗瑾滢、赵智芳、李绮文。全书由王兴华、邱月统校。在翻译的过程中，我们力求忠实原文，同时兼顾中文的表达习惯，但难免存在疏漏、不妥之处，敬请广大读者批评指正。

王兴华

2022年9月8日于北京师范大学

原 著 序

没有什么比见证那些优秀教师的教学魔法更让我兴奋和充满希望。和大多数人一样，我可以仅凭直觉判断一位教师是否优秀，但要清晰地表述优秀教师的标准并不容易。他们的教学魔法的结果显而易见——学生在学习过程中表现得投入、兴奋、有学习动机、乐学好学且富有成效，但是我花了很长时间去探索这一切是如何发生的。最后我发现，解密魔法并不容易，我们常常被表面现象迷惑。好教师就像魔术师一样，他们经常要同时做两件或更多的事情。下面请看两个案例。

- 我曾观察过一位教师帮助一组学前班学生解决他们在建构城堡过程中发生的冲突。她在整个过程中不断提出问题，直到学生找到自己的解决方案。"你们觉得雷的想法怎么样？""还有谁有不同的观点吗？""萨姆要怎么做才能对小组有帮助呢？""你为什么会觉得不公平呢？""怎么样才会更公平？""大家都同意吗？"学生在这个过程中提出了很多成熟的观点，也表现出协商的技能。最后他们达成一致意见：搭建几个不同样式的城堡。
- 一位二年级教师带着班上农工家庭的学生生成了一次关于当地农作物、农业生产与耕种的主题课程。课程设计参照了所在州的数学、科学、社会研究、阅读与写作的相关标准，并且整合了艺术活动。此外，学生学到了如何定价、定薪以及一些经济学概念。在活动过程中，学生们采访了自己的家人，用英语和西班牙语写故事，并配上照片和插画。全班同学还一起设计了一个"从农场到餐桌"的棋类游戏，将农作物的种植设置为起点，将消费者的消费设置为终点，在这个过程中会有各种挑战，比如干旱、补植、劳力不足、卡车司机罢工、与零售商之间的谈判、竞争、销售成本和消费者口味偏好的变化等。教师把学生的成果放在网络平台上，学生可以通过手机或社区图书馆里的计算机与家人分享成果。

在第一个案例中，教师的问题需要学生运用高阶思维（higher-order thinking，HOT）来回答。教师知道尽管她的问题抽象、有难度，但学生能成功地应对挑战，因为教师很谨慎地组织用词，让自己提的问题有助于营造小组内的和谐氛围，这对学前班学生来说很重要。除了帮助学生解决冲突，教师还教给学生解决冲突的技能，强化积极的关系，促进高阶思维的发展。在这一过程中，学生既有智力的投入，也有情感的投入。

在第二个案例中，教师设置了有挑战性的任务，需要不同类型的高阶思维的参与。课程中既包括二年级大纲中的内容，也有超过二年级水平的一些抽象概念。这些概念对于母语不是英语的学生来说更有挑战性。学生之所以能够成功地应对挑战，是因为教师考虑了他们的家庭文化背景和个人生活经验。家庭成员、家庭生活和关系对这些拉丁裔儿童很重要。而教师设计的课程情境对学生来说是可理解的、有意义的。

好教师会设置有挑战性的任务，同时会让学习的过程有乐趣、有意义，为学生提供情感支持，这样学生会更投入。他们在每天的教学过程中会启发学生越来越熟练地使用不同的高阶思维技能。

我写本书的目的就是要帮助所有的教师都成为优秀教师。出于一些原因，本书主要聚焦于启发学生的高阶思维。作为共同作者之一，我曾出版过一本关于文化适宜性教育的书（Saifer et al., 2011），关于这个主题也有其他不错的书。基于观察和对已有研究的综述，我发现，教育者和研究者们对启发学生发展高阶思维的教学策略关注不够。事实上，教师学习掌握这些教学策略并不比学习其他教学策略花费更多的时间、付出更多的努力。本书关注的对象是4—8岁儿童，因为儿童早期的高阶思维发展非常重要。如果提供合适的学习机会、支持、指导和练习，那么即使是很小的孩子也能熟练地使用高阶思维技能。对所有学生来讲，高阶思维的发展都是提高其学业成就的有力措施，在本书中我会对这一点做出解释。我也会通过许多案例详细描述如何以具有发展适宜性、启发性、挑战性和趣味性的方式促进学生高阶思维的发展。

在儿童的早期教育阶段，为什么教师很少关注高阶思维技能的发展呢？我认为主要原因在于以下五个方面。

- 很多教师认为，年幼的学生不具备运用高阶思维的能力。
- 教师们在年幼时所接受的教学方式没有关注高阶思维，他们在教师培训课程中也没有学习过如何在教学中关注学生高阶思维的发展。
- 与发展高阶思维技能相比，教师们更注重向学生传授知识，让学生获得进入小学以及学习更高年级课程所需要的技能。
- 多数课程规定教师使用的测验不要求或不需要学生使用高阶思维技能。
- 督导要求和教师评价标准都不涉及促进学生高阶思维的发展。

我非常希望情况能有所改善。每当我建议教师们关注学生高阶思维的发展时，他们总是既兴奋又焦虑。我在冈比亚共和国（非洲西部国家）调研时，观察到教师教四五岁的幼儿认识颜色。在幼儿翻阅纸板书的过程中，教师会问幼儿在每一页上看到的是什么颜色。后来，在点心时间，当这位教师问我的反馈意见时，我建议他可以让学生说出书中没有的颜色。他的眼睛亮了起来，但是什么都没说。令我高兴的是，点心时间结束后，他调整了原来的活动计划，向学生提出了新的问题。对于学生来说，他们之前从未接触过这种形式的问题，意料之中的是没有人做出回答。他带着学生复习了书中的颜色，然后重复提出新的问题，还是没人回答。随后，他带学生到户外观察色彩丰富的墙饰、不同颜色的植物、花朵和树。然而，学生依然无法命名书中没有出现过的颜色。最后，他不得不向学生指出一些书中没有的颜色。

一些教师可能会认为这个问题对于幼儿来说太难了,也有一些教师可能认为对于4—5岁幼儿来说这个问题并不具有发展适宜性。但是大多数学生从未接触过这种形式的提问。如果教师能把有挑战性的学习任务变得有乐趣,为学生提供必要的支持与指导,给学生练习的机会,那么儿童(甚至是学前阶段的幼儿)所表现出的思维技能会让我们一次又一次感到惊奇。

我建议这位教师让学生把纸板书带到户外,这样会降低任务的难度,让幼儿更容易完成任务。他还可以教给学生一些策略来指出书中没有的颜色。学习使用高阶思维技能需要大量的实践与支持。我鼓励这位教师坚持下去,并向他保证,如果他持续向学生提出这类问题,为学生提供思维的支架,那么学生很快就能回答更有挑战性的问题。

大约一个月后,我收到了下面的邮件。(这位教师并非以英语为母语,但是他受过良好的教育,掌握了多种非洲西部的通用语言。)

亲爱的赛菲尔博士:

谢谢您关于提一些有挑战性的问题的建议。我每天都在尝试,直到前几天,我的学生终于掌握了要领。我设计了一个简单的任务:在进餐时间,我们围坐在空空的桌子旁。我对大家说:"开始吃饭吧。"一些孩子笑了起来,但更多的孩子不知所措。然后我问大家:"缺少什么吗?"他们说:"缺少点心、果汁、食物。"我拿来了果汁和食物。他们说还需要杯子。我说:"可是刚才你们没有说缺少杯子啊。"更多的孩子笑了起来,随后我拿来了杯子。他们又说还缺少盘子。我又回答说,他们之前没有提到需要盘子。第二天面对同样的任务,我对大家说,这次请告诉我你们认为缺少的所有东西。他们做到了!我几乎没有提供额外的帮助。我想继续尝试向学生们提出一些更有挑战性的问题。您能给我一些建议吗?

本书的阅读建议

本书既有理论性，又有实践性。基于最新的社会科学与神经系统的研究成果，我提出了自己的理论，那就是儿童的思维与成人的思维之间的相似性远大于差异性。这对许多传统的关于儿童能力和学习需要的观点提出了挑战。在本书中，我用了较长篇幅来阐述这一理论对改善课堂教学的价值。我既阐述了基本原理，也介绍了具体的技术，以及为什么和如何在日常教学与活动过程中有目的地促进儿童高阶思维技能的发展。对任何课程来说，对高阶思维技能的培养都可以作为方法论上的补充，不受课程内容和教学方式的限制。本书旨在为实现教育的长期目标打好基础，那就是所有学生都能把不同类型的高阶思维技能应用于生活中的方方面面。我们希望这一代儿童现在和将来都能乐于应对有认知挑战的游戏与任务。我们希望他们能成为有文化素养、有智慧的一代，他们能创造一个诚信、关爱、公平、公正的社会。

本书的上编主要帮助读者理解一般的思维和高阶思维。尽管上编提供了许多优秀的课堂教学案例，但相比于下编，上编更偏重理论。下编重点介绍帮助儿童发展高阶思维的具体策略与技巧。

本书中还推荐了很多活动，旨在帮助教师在教授内容的同时能更有效地启发学生的高阶思维。针对每个内容领域，我都推荐了至少一个活动（详见"附录"部分）。本书中推荐的活动一般不需要特殊的材料，有时可利用一些免费的、可回收的材料，或者价格适宜的材料。总的来讲，本书中推荐的活动可分为四类。

- 思维游戏（ThinkinGames）：通过有趣的游戏提升高阶思维。
- 认知活动（Cognitivities）：课程理念、教与学的策略。
- 思维快照（SnapsHOTs）：描述教师在教学和与学生互动过程中提升高阶思维的场景。
- 思维主题（HOT Themes）：提升高阶思维的主题活动方案。

不论处于什么年龄，学生都具备高阶思维技能，但要熟练掌握这些技能，需要不断练习，也需要有相关知识与技能的教师提供有回应性的指导。我坚信，学生的高阶思维技能的发展是我们的教育系统中的自变量。改变教育不均衡是让所有学生都能提高学业成就的关键措施。高阶思维技能的发展需要有意义、有挑战性的教学活动。有意义、有挑战性的教学活动会带来更高的学习动机和学习投入。有挑战性的教学活动加上高学习动机与学习投入的学生，等于高学业成就与生活中的成功。诚然，在教学中引入更多的高阶思维技能并不能解决学校教育所面临的所有难题，但它会让我们在正确的方向上迈出重要的一大步，也会帮助更多的学生取得成功。

目 录

上 编
关于思维的再思考

第一章　思维技能的类型——我们大脑里的工具 …………………………… 3
　　思维技能分类法 …………………………………………………………… 4
　　结论 ………………………………………………………………………… 8

第二章　低阶思维技能——功能性的……即使不总是那么有趣 ………… 11
　　低阶思维技能 ……………………………………………………………… 11
　　结论 ………………………………………………………………………… 14

第三章　中阶思维技能——通向智慧的逻辑路径 ………………………… 17
　　描述 ………………………………………………………………………… 17
　　联想 / 辨别 ………………………………………………………………… 18
　　分类 ………………………………………………………………………… 22
　　排序 / 模式 ………………………………………………………………… 26
　　计算 ………………………………………………………………………… 27
　　建立因果关系 ……………………………………………………………… 28

　　　　表征 ··· 31
　　　　推论 ··· 34
　　　　结论 ··· 36

第四章　高阶思维技能——领悟和创新 ······································· 39
　　　　批判性思维技能：远不止我们看到的那么简单 ······················· 39
　　　　创造性思维技能：无所不能 ··· 51
　　　　结论 ··· 66

第五章　关键思维过程——简单的任务，复杂的思考 ························· 69
　　　　选择/决策 ··· 70
　　　　解决问题 ·· 72
　　　　制订计划/制定策略 ··· 73
　　　　分析 ··· 76
　　　　结论 ··· 79

第六章　高阶思维技能的重要性和功能——更多创新，更少模仿 ············ 83
　　　　为什么我们需要少量的低阶思维教学和大量的高阶思维教学 ······· 83
　　　　关于儿童思维的新思考 ··· 85
　　　　结论 ··· 95

下　编
为思考而学习，为学习而思考

第七章　教与学高阶思维技能的指导原则——严谨亦有趣 ··················· 99
　　　　运用隐性和显性方法教授高阶思维技能 ···························· 100
　　　　促进高阶思维技能的活动要具有灵活性和回应性 ·················· 102

活动要充满挑战性和乐趣 ··· 105
　　活动要帮助学生获得洞察力、理解力和鉴赏力 ···················· 108
　　结论 ··· 109

第八章　高阶思维教学策略——严谨的乐趣 ································· 111
　　合作性、协作性和社会性学习 ······································· 111
　　思维主题 ·· 113
　　项目和调查：在行动中探究 ·· 118
　　重要的材料 ··· 121
　　游戏：从玩转玩具到玩转思维 ······································· 127
　　思维游戏 ·· 130
　　案例研究 ·· 136
　　头脑风暴 ·· 137
　　角色扮演和小品 ··· 138
　　结论 ··· 139

第九章　高阶思维教学技巧——有目的的和好玩的 ························ 141
　　选择 ··· 141
　　高阶思维支架 ·· 144
　　线索 ··· 146
　　示范/演示 ··· 148
　　习语和格言 ··· 149
　　类比、明喻和隐喻 ·· 152
　　高阶思维问题：玫瑰与荆棘 ·· 155
　　火花思维 ·· 159
　　"加热"一个活动 ··· 161
　　结论 ··· 162

第十章　使用高阶思维开展读写教学——渴望学习 ………………………… 165
　　　　有意义的、以学习者为中心的写作 ………………………… 166
　　　　作者和主题研究 ………………………… 167
　　　　文字游戏 ………………………… 167
　　　　类比和表达 ………………………… 168
　　　　"加热"一个读写活动 ………………………… 168
　　　　支持每一名独特的读者 ………………………… 168

附录　按内容领域交叉引用的活动 ………………………… 171
参考文献 ………………………… 175

关于思维的再思考

想象力比知识更重要。知识是有限的,而想象力囊括了整个世界。

——阿尔伯特·爱因斯坦,《宇宙宗教与其他观点和格言》

第一章 思维技能的类型
——我们大脑里的工具

完成不同的任务需要不同的思维类型，因此，能够用不同的方式思考是很重要的。伟大的人本主义心理学家亚伯拉罕·马斯洛（Abraham Maslow，1966，p. 15）说："假设一下，如果你拥有的唯一工具是锤子，那么你会把所有东西都当作钉子来对待。"但是，当我们拥有一个思维技能工具箱时，我们就可以根据手头的特定任务选择使用正确类型的思维技能。此外，通过将一种（或多种）高阶思维技能应用于任务，我们可以为几乎所有任务增加价值——更大的乐趣、更多的学习和更高的成功可能性。对于大多数人来说，我们头脑里的工具箱中有一些不常使用（或者根本没有使用过）的工具和没有有效使用的工具。这不是我们的错。在孩提时代或学生时代，我们没有被要求使用这些工具，没有看到其他人经常使用它们，也很少得到指导和机会来练习如何使用它们。无论过去还是现在，绝大多数小学低年级的学习任务都要求学生使用低阶思维，在少数情况下会使用到中阶思维。所以对于很多教师来说，首先要对这些心理工具有一个清晰的认识，然后学习一些有效的策略，帮助年幼的学习者有效地使用它们。

掌握高阶思维技能的一个良好开端是，充分理解所有的思维技能和过程，以及它们如何相互关联和联系。

思维技能分类法

分类法是通过总结和直观地组织主要观点来捕捉复杂概念本质的方法。它通过对观点进行分类或排序来显示观点之间的关系。分类法可以快速、轻松地传达复杂概念的含义，因此，它有助于我们建立对复杂概念的共同理解，进而促进实践工作者、研究人员和其他利益相关者对分类法的使用。

表1.1显示了本书中不同类型的思维技能的分类。此外，表中还介绍了主要的思维过程，以提供将想法转化为有效教学和学习实践所需的全貌。这四种常见的思维过程涉及对三类思维技能的使用。

思维技能分类法中思维技能的顺序代表了从实践思维技能到概念思维技能（从表格的底部到顶部）的连续统一体。实践思维技能是任务导向的、有目的的和功利的。概念思维技能是面向过程的，更关注想法而不是成就，并且是开放的。概念型思考者知道番茄实际上是一种水果，而实践型思考者认为不要把它放在水果沙拉里！

分类法有助于我们对术语的含义和使用达成共识。但关于思维技能的术语的使用可能有问题。例如，批判性思维、推理和分析性思维有时用于表示一般的高阶思维，而不是特定的、不同类型的高阶思维。一些用于描述思维的术语（例如分析、计算和生成）在日常语境中有不同的含义。思维技能分类法通过对主要思维概念的清晰界定和准确表述来解决这些问题。

思维技能分类法与布鲁姆分类法有何不同？大多数教育工作者都熟悉布鲁姆的原始分类法（Bloom et al., 1956）或表1.2所示的分类法修订版（Krathwohl, 2002）。布鲁姆分类法传达的理念是：有六个不同的知识水平，教师应努力做到为学生提供最高水平的知识。布鲁姆和他的同事并没有将它们称为思维技能，尽管有时其他人会这样描述它们。

表 1.1 思维技能分类法

	高阶思维：批判性和创造性思维技能	
	转化和创造信息	
	批判性思维技能	**创造性思维技能**
	转化信息	创造信息
概念思维	解析	想象
	评价	解释/综合
	推断	归纳/理论化
	转换视角	重构
	迁移	生成
	中阶思维：逻辑思维技能	
连续统一体	应用信息	
	描述	
	联想/辨别	
	分类	
	排序/模式	
	计算	
	建立因果关系	
	表征	
	推论	
	低阶思维：功能性思维技能	
	理解信息	
实践思维	模仿/复制	
	听从规则和指示	
	记忆/再现/复述	
	生搬硬套	
	识别/量化	
	关键思维过程	
	选择/决策	
	解决问题	
	制订计划/制定策略	
	分析	

表1.2 布鲁姆分类法：原始版和修订版

原始版	修订版
评价	创造
综合	评价
分析	分析
应用	应用
领会	理解
知识	记忆

思维技能分类法和布鲁姆分类法相辅相成。思维技能分类法描述了构成布鲁姆分类法中知识分类基础与产生不同水平知识的认知技能和过程。两者在学习方面有着相同的价值观：学生应该对内容有透彻和深刻的理解，并且要有批判性和创造性思考的能力。

思维技能分类法描述了所有年龄段的个体在各种情况下为不同目的使用的广泛的思维技能。它适用于教学和学习，但它和布鲁姆分类法一样，并不局限于教育领域。

一种点心，多种思维方式

为了帮助理解思维技能的分类，这里提供幼儿教师在点心时间如何与四五岁幼儿互动的例子。教师可能会问以下问题：

- "你那桌有四个人吗？"
- "你那桌有多少人？"
- "你那桌需要多少张餐巾纸？"
- "你桌上的盘子够吗？每个人都有盘子了吗？""你还需要多少盘子？"
- "点心桌上少了什么？"
- "你在家里吃过但没在学校里吃过什么点心？"
- "仔细看看那碗饼干，你觉得那里有多少饼干？"

- "饼干是怎么做的？谁做的？用了哪些原料？在家里怎么做饼干？"
- "如果你发明了一种新的美味、健康的点心，它会是什么？有一个规则是，它不能是饼干！"

这些问题有什么关系？它们形成了什么模式？上面的清单是一个连续体，从一个能激发低阶思维的问题开始——在两种可能性（是或否）中只有一个正确答案，随后的问题能够激发更概念化的思维技能或更高阶的思维。第二个问题仍然只有一个正确答案，但可能答案的选项不止两个。回答第四个问题需要计算的逻辑思维技能。回答第五个问题需要推论的逻辑思维技能，涉及有形的、可见的物品，而第六个问题所涉及的东西是无形的。另外，回答第六个问题需要同时回忆两种不同的物品——家里的点心和学校里的点心。最后一个问题要求幼儿发挥创造力，产生新的想法。

并不是所有的高阶思维技能一定比低阶思维技能更难或更好。每一种思维技能都可以在非常基础到非常高级的水平上完成（本书中提供了各种复杂程度的思维示例）。虽然有些任务几乎只需用低阶思维技能——例如记住朋友的住址（基础水平）或记住一篇长的正式演讲（更高级水平），但增加一些高阶思维技能，可以使任务变得更有趣、更容易完成。将街道名称和房屋与已知事物和图像（想象是一种创造性思维，属于高阶思维技能）联系起来是一种有效的记忆方法。将地址"皮尔斯大道 1429 号（1429 Pierce Drive）"与"在 1492 年，有阅读障碍的哥伦布打破了'世界是平的'的观念（in 1492, a dyslexic Columbus *pierced* the notion that the world was flat）"相联系，会更容易记住它。演讲者在练习长演讲的时候可以想象和朋友边喝咖啡边聊天的情景，这样可以为演讲内容赋予一种语境，演讲者更容易记忆演讲内容，并能使演讲听起来更自然。

> 教与学活动应侧重于帮助所有学生学习新的、更具概念性的思维技能，并将每种思维技能从当前水平提升到更高水平。

然而，仅涉及低阶思维技能和基础水平的中阶思维技能的活动，在大多数幼儿园和小学低年级课堂以及课程指南中占主导地位。当教师和课程开发人员努力提倡开展促进高阶思维技能的活动时，那些活动往往很难或令人困惑，而不是具有适宜性和挑战性的。不过，只要教师真正理解高阶思维，掌握促进高阶思维发展的策略和活动的案例，有足够的时间来反复练习并获得一些专业技能，他们就很容易改变现状。

虽然本书中的活动案例主要涉及幼儿园到小学三年级学生（4—8岁），但许多活动案例同样适用于年龄更大、更高年级的学生，或者很容易调整以实现此目的。还有一些关于成人（尤其是教师）如何使用和应用思维技能的例子。与低阶思维技能、中阶思维技能、高阶思维技能以及四种思维过程相关的分类法中的所有术语、类别和概念在第二章到第五章中有所解释。

结　　论

思维技能的三个主要类别——低阶思维、中阶思维和高阶思维技能——都很重要且必要。日益复杂和瞬息万变的世界需要高级水平上的批判性、创造性、逻辑性、实践性思维技能。教师（尤其是幼儿教师）在培养学生的高阶思维技能方面发挥着重要作用。尽管许多教师在进行高阶思维教学时会面临课程任务、学生考试、教师绩效指标、学区政策和培训需求等方面的阻碍，但每位教师仍然可以通过多种方式促进学生高阶思维的发展。本章以直观的思维技能分类法对思维技能进行了全方位的描述、组织和分类，这是培养高阶思维技能的一个开始。

如本章中的点心时间示例，教师提问的方式可以促进不同类型思维的发展。在理解这层含义后，教师会更加注意提问策略，然后改变策略，最终能够提出更高水平的问题来激发学生的高阶思维。提问只是提升高阶思维技能的一种策略，但它很重要，因为教师在一天中会问很多问题。

本章的主要观点

- 能够使用广泛的思维技能并有效应用它们是很重要的。
- 大多数人的高阶思维没有得到充分发展，因为不论是在过去还是现在，它在学校中都没有得到充分的推广或者根本没有得到推广。
- 随着世界变得越来越复杂，使用高级水平的高阶思维技能变得越来越重要。
- 思维技能分类法描述了三种主要的思维技能：低阶思维、中阶思维和高阶思维技能。
- 高阶思维技能由批判性和创造性思维技能组成。中阶思维技能涉及八种逻辑思维技能。低阶思维技能由五种实践性思维技能组成。思维技能分类法还描述了四个关键的思维过程：选择/决策、解决问题、制订计划/制定策略、分析。这些过程需要这三种思维技能的使用。
- 分类法能直观且简洁地解释复杂的概念。
- 思维技能分类法和布鲁姆分类法相辅相成。思维技能分类法描述了思维技能以及通向布鲁姆分类法所描述的学习成果的过程。

讨论

- 列举一些你在学校教育过程中布置的学校作业、家庭作业任务。它们使用了哪些类别的思维技能？
- 在你的专业发展课程或培训中，关于思维技能或思维在教育中的作用，你学到了什么？
- 作为家长或教师，你在促进高阶思维发展时面临哪些具体的阻碍？讨论一下可以克服这些阻碍的方法。
- 讨论向学生提问时如何措辞能促进其批判性和创造性思维的发展。

第二章 低阶思维技能
——功能性的……即使不总是那么有趣

实际上，低阶思维借助于并依赖信息本身。低阶思维通常不改变、操纵、应用或转化信息。正如思维技能分类法所示，低阶思维技能处于从实践到概念连续体的"实践"一端。虽然低阶思维技能看起来不如高阶思维技能，但把它们理解为功能性技能更为准确，因为它们是有用的、必要的，当然也是实用的。它们是许多中阶、高阶思维技能和思维过程的基础，例如批判性反思是以回顾事件（再现/复述）为基础的。

> 低阶思维技能就像一个工具箱中的基本工具——锤子、扳手、钻机、螺丝刀和钳子，它们对于完成许多常见的家务活是必要的和有效的。高阶思维技能则是工具箱中的电动工具和专业的手工工具，它们与基本工具一起提供了修复或构建几乎任何东西的方法——如果你知道如何使用它们的话！

低阶思维技能

模仿/复制

模仿或复制是简单地再现已经完全形成的、已知的和外显的内容。这类活动的目标通常是尽可能最准确地再现。要求学生重复教师说的话或者做的事情会引发这种类型的思维。唱活动歌曲《头、肩膀、膝盖和脚趾》（*Head,*

Shoulders, Knees, and Toes）和做相应的动作就属于基本水平的模仿。[1] 学习复杂的舞蹈是一种更高级的模仿形式。基本水平的复制的例子是，给学生一张带有字母或形状的纸，让他们再现。精确再现某一艺术家的绘画或写作风格则是一种更高级的复制形式。

听从规则和指示

这是学生在各个年级的课堂上（尤其是在幼儿教育阶段的课堂上）最常见的思维技能之一。"把你的外套挂起来，拿出一本书，安静地坐在活动区域。"这就是一个让学生听从指示的例子。随着儿童能独立阅读，书面的规则和指示开始取代或补充口头指示。"布置小学生家庭作业的目标之一是，帮助他们学会更独立地遵循指示，尽管这个目标往往无法实现"（Center for Public Education，2007）。一个更高级水平的听从规则的例子是，了解和应用与过马路和骑自行车有关的交通安全规则，这是许多社区中 8 岁儿童开始面临的一个挑战。

听从规则和指示的思维技能可以用于组织和安排任务，比如按字母顺序整理文件或者创建目录。因为这些任务的标准和顺序是具体的、明确的和预先确定的，所以它们只需要低阶思维技能（例如听从指示）。制定组织标准或者抽象的任务（例如根据主题对民间故事进行分类）需要中阶和高阶思维技能，特别是需要"分类"等逻辑思维技能。

对学生来讲，听从规则和指示以及组织是重要的学业技能，什么时间完成作业、如何完成作业、按规定提交作业和获得作业反馈都需要这些技能。在今后的生活和工作中这些技能同样重要，取得工作业绩、保持良好的驾驶记录、按时缴税等方面都需要这些技能。

记忆 / 再现 / 复述

从学习的角度来看，记忆是有意识地识记和存储特定信息的行为，因为这

---

[1] 跟随音乐模仿教师摸摸头、肩膀、膝盖和脚趾的动作。——译者注

些信息是重要的或有用的。再现是唤起记忆中的信息，复述是用语言、书面文字或者行动来表达信息。这一系列的低阶思维技能同样在教师布置的学习任务中非常常见。拼写和词汇测试以及学习乘法都需要记忆、再现和复述。在幼儿教育项目中，记忆、再现和复述活动规则、儿歌、手指游戏和生活常规是对孩子们的共同期望。背诵是在用语言复述被记忆的东西时使用的一种策略。学生在回答诸如"你的生日是什么时候？""你的住址是什么？"等问题时会复述和背诵。

当学生回顾在一天中或周末做了什么，或者回答"操场上发生了什么导致了冲突？"的问题时，他们的再现和复述技能表现出一个更高的水平。他们会描述或解释，而不是单纯地背诵，因为他们必须选择对他们来说事件中的重要方面，并组织自己的语言。这样的提问为学生提供了有意识地记忆、更详细和全面地描述事件的机会，尽管教师有时会在不经意间问这些问题。对细节的记忆是许多思维过程（如解决问题和分析）中重要的第一步。在记忆／复述活动中，教师可以通过提问来激发学生的高阶思维，例如："昨天的游戏对你来说最具挑战性的部分是什么？"这个问题能够引发学生的批判性思维，特别是自我评价或批判性反思。

生搬硬套

这是一种记忆方式，即学生在不理解其目的或意义的情况下，正确地复述信息或表现某种技能。对于学龄前儿童来说，背诵字母表而不知道字母在组词中的作用，或者数到"10"而不知道每个数字代表一个特定的量且它的值与其他数字有关（称为数感）是很常见的。从表面行为上看，儿童理解了一个概念或掌握了一项技能，但实际上她只是在展示生搬硬套的知识或行为。教师需要问一些特殊类型的问题，比如："让我们数数这些杯子——1、2、3、4……接下来是什么？""这里有 3 个方块。如果我们再加 1 个，你们会有多少个方块？""现在你数了自己有 10 个葡萄干，如果你给我 1 个葡萄干，你还有多少个葡萄干？"一个真正理解数字概念（拥有数感）的学生将能够回答上述的大部分问题而不需要重新数一遍。

识别/量化

识别是用来收集可观察到的信息的思维技能，而量化是指收集数字信息。识别和量化是当信息是预先确定的、固有的或明显的时候使用的思维技能。列出一个故事中的所有角色并说明一共有几个角色就用到了识别和量化思维。然而，需要逻辑思维（中阶思维）技能来确定什么角色符合成为主角的标准。

要求学生识别信息的任务在学校里很常见（尤其是对年龄较大的学生来说），比如：通过阅读书籍或文章来写一篇关于名人的报告，或者做一场关于如何照顾宠物的演讲；通过阅读教科书中的一章来找到该章末尾所列问题的答案；当标准已经给定时，学生被要求进行比较和对比（例如，比较和对比枫叶和橡树叶的形状、颜色和纹理）。当需要确定标准时，后者就是一个中阶思维任务（描述）。正如其他低阶思维技能一样，识别可以在涉及复杂仪器的高级水平上完成，例如，用原子力显微镜识别分子，或者用巨大的光学空间望远镜识别星系。

量化——计数和测量——是一种数学形式的识别。至少在某种程度上，我们天生就能理解和学习数学。然而，在婴儿阶段，这些概念非常笼统。他们只能对明显的数值做出区分，例如感觉到五个物体比四个物体多（Brannon & Park, 2015）。量化可能涉及天平或卷尺等仪器的使用。如果任务只包括校准仪器和读取结果，而不涉及计算、评价、综合或解释结果，那么即使是操作 X 光机这样需要专业知识和技能的精密仪器，也会引发低阶思维。然而，识别和量化仍然是非常重要的技能。它们通常是解决问题、选择/决策、制订计划/制定策略和分析这四个关键思维过程的必要初始步骤。

结　　论

所有的低阶思维技能都是对现有信息的加工与直接应用。信息不用于其他目的，不与其他信息相关联，不进行改编或转换。尽管如此，低阶思维技能仍然是非常重要和必要的，因为我们每天都在使用这些技能。擅长运用这些技能是一个优势，特别是对于完成某些任务来说，如学习驾驶、准备考试、跟着地图走或者根据食谱烹饪。在某些情况下，低阶思维技能被用来完成一些很少有人能完成的非常具有挑战性的任务，如学习贝多芬奏鸣曲或背诵哈姆雷特的所有台词。低阶思维技能是必要的，但不一定是容易的！低阶思维技能通常是中阶思维技能和高阶思维技能的补充，并且通常是思维过程的必要发起者。

帮助学生发展更好的低阶思维技能应该成为每名教师的工作和每个课程的一部分。不过，这应该是相对较小的一部分。在大多数课堂上，学生花费更多的时间使用低阶思维技能，而不是高阶思维技能。这种情况应该改变。因此，我敦促教育工作者"少教一点低阶思维，多教一点高阶思维"！

本章的主要观点

- 有五个低阶思维技能：模仿/复制、听从规则和指示、记忆/再现/复述、生搬硬套和识别/量化。
- 低阶思维技能是重要的、实用的、功能性的和必要的。
- 在四个关键思维过程的开始阶段，低阶思维技能通常是必需的。
- 低阶思维技能可能是困难和具有挑战性的，比如记住哈姆雷特的所有台词。
- 大多数常见的教与学的策略，只需要使用低阶思维技能（尤其是对于年幼的学习者来说）。

讨论

- 在大多数课堂上，导致低阶思维教学任务占主导地位的一些历史、社会和文化原因是什么？
- 对于教师所期望学生达到的学习结果或标准，你如何确定学生是否理解这些概念或只是生搬硬套？
- 教师有什么方法可以让必要的低阶思维任务（如记忆事实或数学算法），对学生来说更有意义、更有趣？
- 对于那些认为某些低阶思维技能具有挑战性的学生（例如，他们做事没有条理或者很难记住截止日期），教师能做些什么来弥补他们的不足呢？

第三章　中阶思维技能
——通向智慧的逻辑路径

中阶思维是指逻辑思维的所有变体。逻辑思维包括在信息、观念或数字之间建立线性、客观和系统的联系。信息不只是被接受，还会被检查、使用、分离、联系，有时甚至会被重组。在《星际迷航》(Star Trek)中，伦纳德·尼莫伊(Leonard Nimoy)扮演的斯波克先生(Mr. Spock)是一个半人角色，是使用逻辑思维的典范。在1991年的电影《星际迷航6：未来之城》(Star Trek VI: The Undiscovered Country)中，斯波克先生说："逻辑是智慧的开始，而不是结束。"这句话很好地描述了逻辑思维的局限性和前景，还解释了为什么它是中阶思维。八种中阶思维技能比低阶思维技能更加具有功能性，但不像高阶思维技能那样具有变革性或生成性。中阶思维技能可以作为低阶和高阶思维技能之间的桥梁，这种认识很合理，因为逻辑思维本身主要处理的就是联系和关系。

描　　述

描述是一种逻辑思维技能。当事物是可辨识的，但不是预先确定的、固有的或明显的时候，描述用来确定事物的突出成分或主要特征（特点和属性）。描述技能与低阶思维中的识别、高阶思维中的推断和解析具有"亲缘"关系。推断和解析是确定或发展特征时所需要使用的思维技能。描述是一项重要的技能，因为它是确定标准所需的思维技能，是其他中阶思维技能（联想/辨别、分类和排序/模式）、评价等高阶思维技能（一种批判性思维技能）以及四个思维过程（选择/决策、解决问题、制订计划/制定策略和分析）的基础。为了使这些活动有效，良好的描述技能是必要的，以保证活动所依赖的标准是准确和完整的。

帮助年幼的学习者培养描述能力的一个策略是开展游戏（例如第四章中的"家庭群组"游戏和第八章中的"我说你猜"游戏）。在这些游戏中，人们知道他们所描述的事物的核心特征，但不知道它们的类别或概念。"家庭群组"游戏的一个例子是，学生们听或读一个包括狗、猫、鹦鹉、金鱼和仓鼠等词在内的词语列表，并确定"宠物"是它们的共同属性或它们归属的类别。"我说你猜"游戏需要向队友描述一个物体，而不说出它的名字，让他们猜它是什么，例如描述一把伞，而不说"伞"这个词。这需要确定雨伞的关键特征，也就需要运用描述思维。

下文中的"乐透的艺术"游戏提供了许多很好的机会，能够帮助学生识别画作的突出特征（如流派、主题和艺术家的独特风格）。对于学龄前儿童和低年级学生来说，所强调的特征可以更少、更明显，而对于二、三年级学生来说，则可以更细微、更概念化，包括使用的材质类型、主要风格（抽象、印象派、现实主义）、主题（风景、海景、肖像、静物、神话场景）、著名艺术家及其独特风格，以及透视、对称和其他惯用的基本艺术手法。

关于书籍的讨论通常包括确定故事的大意、主题和信息，以及文学要素（如关键事件、情节设计、人物、背景、主角、反面人物等）。但重要的是，学生描述突出信息的能力是可以迁移的，并不局限于文学。围绕电影、电子游戏、音乐、传记、演讲以及历史和当前事件等，学生也应该有充分的讨论机会。

联想/辨别

联想思维是在信息之间建立逻辑联系，而辨别思维则是在逻辑上加以区别。探讨这两种思维的一个有用方法是关注其如何描述一种关系。描述两个可比较的事物之间各种关联和联系的方式，以及它们之间各种区别和相异的方式，能为它们的关系提供一个全面的描述。

联想和辨别是在比较的基础上的思维技能。然而，比较是一个存在争议的术语，因为它有多种含义。在通常的用法中，比较的含义包括联想和辨别（也叫对比），比较和对比仍然是标准化考试中的常见短语。比较往往涉及非正式的评价，但并不总是如此，例如：比较最新的智能手机，判断哪个是最有价值的。有许多常见的活动涉及比较，而不涉及评价。比较许多品种的马的属性是很吸引人的，即使这种比较除了了解马之外，没有其他目的。然而，用并列来描述这种意义上的比较更准确，这是一种不同于评价的认知过程。它本质上是识别和整理信息，这属于低阶思维技能，而涉及评价的比较则是一种带有批判性思维的高阶思维技能。

还有一种活动可以被称为比较，即在标准未知、主观或概念化的情况下进行非评价性比较，例如：将幼儿园教师需要的技能和能力与二年级教师需要的技能和能力进行比较；或者比较四国不同版本的灰姑娘故事，以了解它们所传达的各国文化和价值观。这些活动不仅使用了联想和辨别思维，还使用了具有批判性的高阶思维中的推断和解析技能。

出于上述原因，我在全书中使用了联想和辨别这两个术语，而不是比较。这样的做法为这一常见而重要的逻辑思维技能提供了更具体、更清晰的描述。

在下文中，我们可以通过修改一个记忆乐透游戏来帮助学生发展联想和辨别能力。乐透游戏通常涉及基础水平的联想和辨别，例如，判断立起来的两张牌是相同的，还是不同的。在许多商业化的乐透游戏中，完成这项任务非常容易，因为一定有两张牌上的图片完全一样，而这两张牌上的图片与其他牌上的图片完全不同。游戏的重点在于记忆和复述，而不是探究组成一对的牌之间的关系或者这套牌中每对牌之间的关系。通过使用大量的成对卡片，乐透游戏可以变得非常困难，但它仍然是一种乐透游戏。然而，当联想和辨别的思维任务被添加到记忆任务中时，如下文中的"思维游戏：乐透的艺术"就成为中阶思维活动。此外，要求学生同时使用两种或多种类型思维的活动，能够帮助其培养从事具有智力挑战性工作的能力。

思维游戏：乐透的艺术

思维游戏的玩法与标准的乐透游戏的玩法一样，但配对的卡片是相似的，而不是相同的。卡片是绘画作品的复制品、著名建筑（如埃菲尔铁塔和吉萨金字塔）以及雕塑的照片。对于学龄前儿童来说，这些绘画作品应该与其感兴趣的、具有代表性的主题有关，例如与儿童、动物、船只和火车有关。在基础版本的游戏中，配对的卡片上有相同类型或风格的绘画作品。配对卡片上的内容包括从非常相似且容易匹配（如同一艺术家的画作）到非常不同但明显属于同一类型的绘画作品。通过网络资源，我们可以获取数以万计的高质量绘画作品和照片，以用于这个游戏。

每套艺术乐透卡都需要包含大量艺术作品的配对卡片，以及同一张卡的几个复制品。每套卡片还需要多对相同类型的绘画作品，以使游戏更具挑战性。一大套卡片可以分成几小套卡片，适用于不同级别的挑战和不同版本的游戏。

这个游戏的一个变体是，同时包括一张卡片的复制品以及与其相似的卡片。一对匹配的卡由相似的卡组成，而不是由相同的卡组成。在游戏中加入这种反直觉的元素，有助于学生发展冲动控制能力，并学会避免思维错误。一旦学生熟练地掌握了基础版本的游戏，构成匹配的标准就会改变。这就需要选择卡片来创建一套符合新标准的卡片。例如，匹配的一对卡片可以包括含有相同人数（包括零）的绘画作品，于是艺术类型成为匹配卡片的依据。学生们必须在观察同样的画面时重构（一种创造性思维技能）他们的观察重点。另一个可以用来匹配绘画作品的标准是其主体具有一致性，例如主体是人、动物、花、食物、火车、船等。还有一个标准是使用的材料具有一致性，例如使用油彩、水彩、木炭、粉笔、墨水、铅笔等。

当教师用明信片、杂志或小册子上的图片、互联网上常见的图片或自己的画作和照片来制作艺术乐透卡时，他们可以在适当的挑战水平上为学生选择有意义的卡片内容。这些卡片也可以反映一个主题或知识内容领域，如反映鸟的类型或基本的地理知识等（如表3.1）。

表 3.1 艺术乐透卡示例

 《海边的灯塔》，詹姆斯·布尔沃 （英国）	 《微风》，温斯洛·霍默 （美国，1873—1876）
 《白领自画像》，埃德加·德加 （法国，1857）	 《自画像》，文森特·梵高 （荷兰，1889）
 《橙子、柠檬和蓝色手套静物组合》，文森特·梵高 （荷兰，1889）	 《静物》，亨利·方丹·拉图尔 （法国，1866）
 《卡茨基尔山脉的日出》，托马斯·科尔 （美国，1826）	 《布列塔尼的风景》，保罗·高更 （法国，1888）

分　　类

分类是在一个或多个共同属性的基础上对三个及以上的条目进行分组。用于分类的属性可以是物理属性（形状、大小、颜色）或抽象属性（实用性、重要性、价值）。对于显而易见的属性，可采用基本的分类方法；而对于抽象的属性，则需要采用更高级的分类思维技能。

分类活动应该是有目的的。比如，当一名幼儿把所有的彩色铅笔按颜色分类时，大家就会更容易找到自己想要的颜色。如果有十种不同的颜色，那么这个任务就是通过一个物理属性（颜色）和十种因素（十种颜色）对一个元素（铅笔）进行分类。一名一年级学生按两个属性对恐龙进行分类，她选择按恐龙的主要物理属性（有盔甲、有角或长颈）将恐龙（元素）分组，然后按它们吃的东西这一略显抽象的属性（食草动物、食肉动物或杂食动物）进行分类。在这里，一个元素有两个属性，每个属性涉及三种因素。分类任务的复杂性是由元素的复杂性、属性的数量、因素的数量和抽象程度决定的。恐龙是一个比笔更抽象的元素。与笔不同，人们无法真的看到和拥有实际的恐龙，而且恐龙的种类比笔的种类多得多。非可见的或非物理的属性和因素（恐龙的食物）比可见的或物理的属性和因素（恐龙的角或笔的颜色）更抽象。

下文是关于在三个不同层次上进行分类（从比较基础的到比较高级的）的例子。当然，实际上在这之间还有很多层级，低于和高于这些层级的项目没有被包括在内。此外，还有其他的方法对每个层次的项目进行分类。尽管如此，这些例子还是表明了通过分类来体现的思维技能的复杂程度。

弹珠（4岁左右的儿童）

这个例子描述了通过两个物理属性对一个物理元素进行分类的过程。其中一个属性涉及两种因素，另一个属性涉及四种因素。

一个盒子里装有26颗弹珠（元素）。这些弹珠只有颜色和尺寸（属性）不同。

两名幼儿的任务是把它们按尺寸和颜色分类，为游戏做准备。根据以前玩弹珠的经验，他们知道各自需要 6 颗小弹珠（目标）和 1 颗大弹珠（射手）来开始游戏，并且每个人手中的小弹珠和大弹珠需要是相同的颜色。盒子里有 4 颗大弹珠，22 颗小弹珠。小和大是尺寸属性所涉及的两种因素。这些弹珠有四种颜色——橙、红、绿、蓝（颜色属性所涉及的四种因素）。4 颗大弹珠中的每一颗都有不同的颜色。22 颗小弹珠中有 6 颗是橙色的，4 颗是红色的，5 颗是绿色的，7 颗是蓝色的。虽然有一名幼儿想用绿色的弹珠，但他们最后弄明白，他们只能选择橙色和蓝色的弹珠。

有孔的珠子（5 岁左右的儿童）

这个例子包含一个物理元素、三个物理属性和两至四种因素。

一个盒子里装有大约 100 颗尺寸、颜色和材质各异的珠子（元素）。尺寸属性涉及三种因素——小、中、大。颜色属性涉及四种因素——红色、蓝色、绿色和混色。材质属性涉及两种因素——玻璃和陶瓷。学生的任务是按照珠子的尺寸和颜色（其中两个属性）进行分类，并准备在即将到来的实地考察中制作一条项链以作为姓名标识来使用。结果是可以通过分类得到 12 套珠子。为了使它们井然有序，学生们把每套珠子放在一个小罐子里，然后按以下顺序排列：小红珠子、中红珠子、大红珠子、小蓝珠子、中蓝珠子、大蓝珠子、小绿珠子、中绿珠子、大绿珠子、小混色珠子、中混色珠子、大混色珠子。因为有随机组合的珠子，所以每套珠子的数量都不一样。

树（8 岁左右的儿童）

下面的"思维快照：拯救大树"活动涉及将一个物理元素按照三个抽象属性进行分类，每个抽象属性都涉及多种因素。有些因素是物理方面的，有些因素是抽象方面的。

思维快照：拯救大树

为了表达对学校砍伐周围树木以修建停车位的计划的不满，二年级学生决定要尽可能多地了解砍伐单上的树木。在教师的帮助下，他们制作了一张表格（见表3.2），将七棵树（元素）与关于它们的三类信息（属性）一一列出，具体如下。

表3.2 树种表

	欧洲椴	美国山毛榉	北美红栎
七棵树			
树叶、果实、花、汁液			
描述	非常大，叶子会变成黄色并脱落，春天时开小黄花	生长缓慢，枝条会伸展开，叶子会变成金色和橙色，有果实	非常大，叶子会变红并脱落，生长迅速，秋天时会产出橡子，春天时会产生柔荑花序
实用价值	干花可以泡茶喝，以缓解腹痛；树木也可以用来净化空气	果实可食用	可用橡树果实进行数学和科学活动
潜在价值	可乘凉，美丽，气味好，有鸟儿在上面歌唱，净化空气	可乘凉，秋天时很漂亮，是鸟类的栖息地，净化空气，适合攀爬（如果允许的话）	可乘凉，秋天时漂亮，是很多松鼠和鸟类的家，净化空气

（续表）

	蓝叶云杉（×2）	糖槭树	黑胡桃木
七棵树			
树叶、果实、花、汁液			
描述	常绿，银蓝色，高大，有大松果，有尖锐的刺针	大树，秋天时叶子鲜红，"直升机"般的豆荚中有两颗种子，树液可制成糖浆	高大的树，有辣味，叶子会变黄，树皮发黑，胡桃壳会留下污迹，对其他树木有毒
实用价值	可用作冬季节日装饰而无须购买的树，数学和科学活动中的锥体，装饰品，引火物	可制作枫树糖浆	可结核桃，可制作棕色染料
潜在价值	一年四季都很美，是冬季节日中的常用树，为鸟类和松鼠提供庇护场所，挡风	可乘凉，美丽（特别是秋天时），是松鼠和鸟类的家，净化空气	可乘凉，美丽，是松鼠和鸟类的家，净化空气

- 描述：树木的类型、起源、历史和主要特征（四种或更多因素）。
- 实用价值：树在活着和生长时的用处，涉及它结出的水果和坚果；树在改善空气污染方面的作用；树的叶子、树皮和花朵的医用特性（三种或更多因素）。

- 潜在价值：树对学生、教职工和附近居民的福祉和幸福的贡献，涉及它的树荫，树的颜色和美感，树的香气，树为鸟类和松鼠提供栖息地，树在当地生态系统中的作用（五种或更多因素）。

为了获得关于这些树木的信息，教师们提出了相关问题，促进学生讨论，提供有关的书籍、网站和电影，并招募在生态学和树木学（研究木本植物）方面有更多专业知识的同事和朋友，推动其与学生进行探讨。然后，全班学生用照片和图表进行展示，总结了他们收集的信息。他们期待着在即将举行的学校董事会和市议会的联席会议上展示这些信息。

排序/模式

排序对于年幼的学习者来说是一项至关重要的思维技能。他们需要能够追踪和复述一个故事，或者按照正确的顺序来描述一系列事件。一个完整的顺序至少有三个组成部分，包括开端、过程和结局。排序也是数学的一个重要方面，用于追踪序数、把数字放在适当的位置上以及掌握类似的数学技能。

计算机编程中的排序命令对这种能力水平的要求非常高。然而，麻省理工学院的教育工作者和研究人员创造了一个应用程序，使年仅5岁的儿童就能进行计算机编程。学生使用有触摸屏的平板电脑，通过对每个代表基本的计算机命令的图标进行排序，来创造属于自己的且独特的交互故事和简单的计算机游戏（关于技术使用的更多信息请参见第八章）。

确定优先次序是一种重要的排序技能。它是制订计划/制定策略的主要思维技能，是很关键的思维过程。确定优先次序是基于重要性、便利性或类似因素的普遍标准而进行的。然而，什么事情是重要的或谁能从便利性中受益是非常主观的。

形成模式是一种特殊的排序方式，尽管解释模式是通过另一种逻辑思维方式（即描述）来完成的。模式可以是最基础的（如用两颗黑珠子和两颗红珠子的重复模式来串成一条项链），也可以是高级的（如编织挂毯）。当想象和生成的创造性思维技能被应用于模式时，就变成了设计。由于书面和口头语言、数学、日常生活、人类行为、生命周期等方面都存在模式，因此拥有良好的模式思维技能是一种宝贵的认知财富。

计　　算

计算涉及四则运算——加、减、乘、除。一位数的加法是最简单的计算形式。即使是在这种基本水平上，掌握准确、流畅、稳定的计算能力也依赖学生对数字的理解——数感。拥有数感是理解更高级的数学的先决条件。数感来自对数字的理解，即一个数字不仅仅代表一个数值。数字之间存在逻辑关系：一个数字相对于其前后的数字有不同的价值。这应该是年幼学习者的诸多数学活动的重点，因为它使这些活动从调用低阶思维技能（死记硬背地计数，记忆算法）转向调用逻辑思维技能（中阶思维技能）。

与用纸笔来练习数学题相比，频繁地、有规律地开展不断增加挑战性的数字游戏活动，能够在更深层次上发展学生的数学能力，而且相对来说更有效、更有趣。例如，第八章中的"思维游戏：双胞胎"，以及所有衍生的游戏都让学生直接体会到这样一个概念：同一个数字可以是大数或小数，可以是"赢家"或"输家"。

计算是最纯粹的逻辑思维形式，因为总是有一个正确的答案，而且方程的逻辑不会被文字、想法或其他具有多重或模糊含义的东西混淆。然而，复杂的文字和考试题目很容易混淆简单的计算任务。更高级的数学（如代数和统计），除了需要高级的计算思维外，还需要推断、归纳/理论化、解释/综合等高阶思维技能。

建立因果关系

医生常常用因果逻辑的思维来告知、激励或偶尔吓唬一下他们的病人。"如果你每天吃一次这种药,那么连续吃十天,你的感染症状就会消失,你会感觉好一些。""如果你不减肥,那么你可能会患糖尿病。""用冰块敷在你扭伤的位置上,可以减少肿胀和疼痛。""使用防晒霜可以减少你患皮肤癌的风险。"

对于年幼的学生来说,了解各种原因和结果之间的关系(特别是间接的因果关系)很重要,有助于他们发展社会能力、理解科学概念、接受延迟满足等。延迟满足和实现长期目标,需要理解因和果之间往往存在一个时间差。学生在一年级时努力学习阅读,那么他们能够在之后的年级中更好地跟上学业进度。这将给学生带来更多的自主权,因为他们将能够独立地阅读,以获得乐趣和信息。而流利阅读的能力意味着快速完成作业,这将带来更多的休闲时间。

具备清晰地解释和说明问题的能力,需要对因果关系有一个很好的理解。当年幼的学生回答"可能发生了什么事情,导致……?"和"如果……会发生什么?"等问题时,他们就是在练习建立因果关系。

因果关系是许多科学概念的核心,这些概念涉及重力、进化、简单机器的工作原理、病毒传播、大峡谷的形成等。理解因果关系对于理解书籍和电影中事件和情节的顺序是必要的。当学生在各种活动中被引导关注因果关系时,他们会理解概念,并能够在不同的情境下应用相关概念。这些活动包括:搭积木塔,直到积木塔倒下,然后用相同数量的积木以不同的方式再搭一次,这样积木塔就不会倒下了;创造一个鲁布·戈德堡装置(Rube Goldberg contraption);了解重大历史事件及其因果关系;使用蜡笔物理学[1]等游戏软件;进行调查,探索改变一个变量或输入值如何改变结果。在第九章的"思维快照:让水流进去"中,有一名幼儿用水、漏斗和容器探索因果关系的例子。

---

[1] 全称为 Crayon Physics,是一款基于二维物理引擎的解谜游戏软件。——译者注

因果关系也解释了大部分社会交往的动态过程。当学生了解自己的行为如何影响他人以及他人的行为如何影响自己时，他们就会更了解自己，并能更好地调节自己的情绪。即使是学龄前儿童也可以开始学习理解这个过程，特别是像下文中的例子所描述的——在令人愉快和触动心灵的儿童文学作品的帮助下理解因果关系。

思维快照：莉莉

每年 5 月，安吉尔老师都会实施"在学前班里发生了什么？"这一主题活动。活动之一是阅读高质量的儿童文学作品，作品中的故事都发生在学前班和一年级。《莉莉的紫色小包》(Lilly's Purple Plastic Purse, Henkes, 2006a) 一直是孩子们最喜欢的绘本。

莉莉是一只老鼠，是故事中劲头十足的女主角，她非常喜欢她的老师——斯林格先生，以至于她长大后也想当一名老师。然而，当她在不适当的时候炫耀她的紫色音乐钱包时，斯林格先生当天就没收了她的钱包。莉莉恼羞成怒，她通过给斯林格先生画一幅刻薄的画来发泄，同时决定不再想当老师。但是，在斯林格先生把钱包还给她时，她发现钱包中有斯林格先生留的一张善意的纸条和美味的点心，这使她对画那幅画感到后悔，并感到深深的自责。幸运的是，莉莉的真诚道歉，以及给斯林格先生新画的漂亮的画和美味点心，产生了效果。两人冰释前嫌，而且莉莉又一次想当老师了。

这个故事的后续活动之一是识别故事中所有的因果关系。安吉尔老师用各种照片和图形来说明不同类型的因果关系，并展开讨论。她用照片表示每一个原因和结果，例如一个雪人在阳光下会融化。安吉尔老师提供了一系列关于因果关系的照片：一个空的狗食盆与一只悲伤的狗、一个满的狗食盆与一只快乐的狗。其中也有一个"因"和多个"果"的照片：一张下雪的照片与一个人铲雪的照片、儿童制作雪雕的照片与儿童坐雪橇的照片。还有显示多个"因"和一个"果"

的照片：孩子一手拿音乐奖杯，一手拿小提琴的照片，以及他在家里练习、在老师那里学习、参加专业小提琴家的音乐会、用耳机听音乐、与拉大提琴的朋友一起演奏以及参加比赛的照片。

安吉尔老师与孩子们一起从结局开始复盘故事。她用太阳的照片来代表原因的概念，用融化的雪人来代表结果的概念。安吉尔老师提出了一些问题，如："莉莉做了什么，使斯林格先生和她重新快乐起来并成了朋友？"

二、三年级的学生已经准备好在更抽象和高级的水平上，明白一个结果可以由多个原因引发，以及一个原因可以产生若干个结果，如下文中的例子所述。

思维快照：干旱

在三年级的课堂上，严重的干旱及其影响因素是学生们讨论的一个热门话题。他们谈到由于湖泊和河流缺水而无法游泳，谈到邻居不遵守节约用水的规定，还谈到喷泉被关闭。教师支持和引导学生建立因果思维，以加深他们对干旱和生态的理解。

她发现，学生们认为缺水只有一个原因：缺乏雨水。她告诉他们："这只是其中的一个原因，还有其他原因。"在白板上，她画了一朵有雨的云，从云中引出一条红线并写道："①缺乏雨水。"她在下面画了一个水龙头，有水滴流下来，还有一间房子，周围有草。她问道："另一个原因是什么？"经过简短的讨论，她写道："②家庭和草坪消耗过多的水。"她说："在过去的十年里，在你们出生的前几年，直到现在，如果每个人都少用一点水，如果没有需要大量用水的草坪，那么我们现在可能就不会缺水。"在画谷仓时，她告诉学生："这是对另一个原因的提示。这个点很难想到。"在没有人能够想出答案后，她说："另一个原因是，我们附近的地区有很多农场，种植坚果、水果和蔬菜需要大量的水。"她在白板上写道："③农场。""所以，缺水至少有三个原因：缺乏雨水、家庭和草坪消耗过多的水，以及农场需要使用大量的水。一个大而复杂的问题，比如没有足够的水，通常不止有一个原因。另外，缺乏雨水除了加剧水的短缺外，还有很多其他影响，会造成许多其他问题，例如缺乏雨水会导致森林火灾。"然后，她让学生们组成小组，探究为什么缺乏雨水会导致更多的森林火灾，并尽可能多地找出缺乏雨水的其他影响。

原因和结果并不总是明显的、直接的。惩罚没有效果的一个原因是，成人认为儿童能够在心理上将结果（惩罚）与原因（有问题的行为）联系起来（尽管儿童可能不认为有问题）。成人还认为，孩子们会回忆起这种特定的因果关系，并在未来的某个时候试图重复这种行为时注意到它。

对于年幼的学习者来说，由于他们正在积极地尝试了解世界，因此创造意义是其心理活动的核心。了解世界如何运作的一个有效方法是探索因果关系，并在必要时创建它们。婴儿从高脚椅上故意摔东西就是在建立因果关系，而从学前儿童到三年级学生，当他们问"如果……会发生什么？"和"如果我……你还会爱我吗？"等问题时，他们就是在建立因果关系。在许多情况下，他们正试图确定自己的因果思维是否有错误。即使是成人有时也会在没有因果关系的情况下相信有因果关系，或者在有因果关系的情况下忽视因果关系。

表　　征

假装也许是人类最早的表征思维。当一个孩子假装自己是一只狗时，他就是用自己的身体、动作和声音来表征一种熟悉的动物。当一个孩子假装用玩具杯喝水时，他就是用模拟的活动来表征真实的活动。儿童创造的第一幅可识别的图画——通常画的是一个火柴人、太阳、房子、树或花——意味着他们可以在二维平面上表征熟悉的三维物体。随着孩子们认识到一堆串在一起的形状代表他们的名字，然后认识到这一串形状代表自己，并最终认识到这些形状是一些代表其名字读音的符号，他们的表征思维水平就提高了。大约在同一时间里，小学生学会了另一组符号表征数字。这是一种逻辑思维技能，因为符号及其所表征的东西之间存在直接的线性关系。当然，许多符号表征的东西不止一个。字母符号"A"表征很多不同的含义，既表示"一"，也意味着优异的考试成绩。符号解码和编码涉及表征思维，也涉及其他思维技能。加上想象和其他高阶思维技能，表征可以有许多有说服力的形式：假装游戏、寓言故事（如伊索的"龟兔赛跑"），以及诗歌、电影和视觉艺术元素。有时，一整部作品都贯穿着对表征的运用，如乔治·奥威尔的《动物农场》（*Animal Farm*，George Orwell）和威廉·戈尔丁的《蝇王》（*Lord of the Flies*，William Golding）等小说。

平面设计师使用颜色、形状、图案、符号和其他视觉元素来表征一个特定的想法、感觉或品质。最好的设计师在高级水平上使用表征思维：一家汽车公司的商标或符号经过非常精心的设计，表征了他们希望消费者如何看待他们的汽车，并将其与其他汽车品牌区分开。一般来说，带有几条闪亮的对角线的标志被用来表征速度和现代性，具有复杂设计和多种图案的标志通常表征豪华和历史底蕴，标志中的动物被用来表征权力。英国的一家非常有名的汽车制造商的商标是一只风格化的、闪亮的、铬制的丛林豹（这也是该公司的名称）斜着跃起到半空中，似乎准备扑向什么。这个形象成功地表征了速度、力量、现代性和奢华。最高水平的表征思维可以产生很大的影响力。

虽然促进表征思维的发展是从幼儿园到二年级的大多数课程的主要部分，但它们往往只应用于正式的识字和算术活动。这些活动涉及特定的表征：每个数字都是表征特定数量的符号，每个字母都是表征某个声音（音素）或某组声音的符号。

表征思维是一种具有功能性和实用性的思维技能，就像所有的逻辑思维技能一样，它往往是针对具体内容的，很难在不同的活动和内容领域中迁移（迁移是一种批判性思维技能）。开展非标准符号的游戏和活动，是帮助年幼的学习者同时发展迁移和表征思维技能的一个有效且令人愉快的策略。在不同的活动中使用各种非标准符号，可以促进迁移技能的发展，因为这传达了符号（如字母、数字和熟悉的图标）的概念本身，而不是特定符号的意义。这些符号应该表征不同类型的物体、概念和动作，包括那些通常不被符号表征的物体。ScratchJr[1]这一软件就很好地做到了这一点。它以符号的形式为5—7岁儿童提供编码工具，使他们能够独立编写计算机程序，创造独特的互动故事或简单的游戏（关于ScratchJr的更多信息请见第八章）。

支架式写作（Bodrova & Leong，2007；Scott-Weich & Yaden，2017）是一种非常有效的且适合学前儿童发展识字能力的策略。学生可以通过画横线来表征单词，这给不识字的儿童提供了"写"出有意义和有目的的句子的工具。他们边说边画线，形成基本的书写习惯，例如，按照从左到右的顺序、间距，以及通过将铅笔向下移动到左边空白处来开始写下一行。然后，在学生重述句子时，教师将单词写在线下。当学生学习字母的发音时，他们会把字母写在线上（从最初的发音和字母开始）。以"我（I）"开始的句子，如"我（I）想要一只狗"，可以帮助儿童从表征写作过渡到实际写作，因为"I"是一个音素、一个字母，也是一个单词，很容易书写。埃琳娜·博德罗瓦和德博拉·梁（Elena Bodrova & Deborah Leong）开发了一个系统，利用表征思维的力量，使不识字的儿童能够用图形记录整个想法。正如图标和符号消除了由语言差异造成的交流障碍，以及手语消除了由听觉限制造成的交流障碍，支架式写作消除了由发展限制造成的交流障碍。

下文中的思维游戏使用了由学生选择的表征音乐指令的符号。

思维游戏：指挥家

学生们制作了一套卡片，每张卡片上有一个符号。"指挥家"将卡片展示给其他学生，这些学生正在唱一首他们熟悉的歌曲。符号是抽象的，与它们所表征的指令无关，尽管在第一次介绍游戏时，一些符号可以提供关于其所表征的

---

[1] 是一款供儿童使用的编程软件。——译者注

指令的线索。一个红色的三角形可能意味着要唱得快一点，而一个绿色的圆圈可能意味着要唱得慢一点；两个红色的三角形表示要唱得更快，两个绿色的圆圈表示要唱得更慢；其他符号可以表示大声一点、小声一点、停止、开始、更高、更低。每轮有一个学生当指挥家，他首先给"乐团"上一堂音乐课，回顾符号和它们所表征的指令。然后乐团开始唱歌，指挥家按照他希望的顺序和时长举起符号。对于幼儿园和学前班的孩子来说，符号和指令应该是简单的和逐渐引入的。当学生变得熟练时，可以增加新的挑战，如同时举起两个或更多的符号（如果它们不冲突的话），并增加表征更复杂的音乐指令的符号，如渐强（音量逐渐加强）、渐弱（音量逐渐减弱）和顿挫（起伏）。教师和学生可以利用想象力创造更多的游戏变化。

推　　论

通过推论找到答案或解决方案，需要排除（推论）所有不太可能或绝不可能的答案。人们使用这种重要的思维技能比他们意识到的要多得多，可以说几乎是凭直觉地使用这种思维技能。然而，有效地使用它可能需要一定的练习和指导，特别是对年幼的学习者来说。这种中阶思维技能的一个常见用途是寻找一个丢失的物品，如汽车钥匙。我们在每个可能放钥匙的地方（点火开关上、厨房台面上、梳妆台上、外套口袋里、钱包里、牛仔裤口袋里）寻找。如果它们不在那里，那么我们就把这些地方从清单中删除，并推断我们一定是在从汽车里出来走到大楼的路上丢的。现在，把注意力集中在地面上，我们重复上述步骤，最后我们在下车的地方找到了钥匙。

在夏洛克·福尔摩斯（Sherlock Holmes）的故事中，阿瑟·柯南·道尔（Arthur Conan Doyle）爵士将推论思维提高到了一个非常高的智力水平上。虽然故事是虚构的，但福尔摩斯的所有精彩推论都是合理的，这也是这些故事如此引人入胜和经久不衰的原因。从福尔摩斯这个角色那里得到的信息是"基础的"：推论思维是一个非常强大的解决问题的工具。与其从字面上理解福尔摩斯的推理,不如将其看作在尽可能高的水平上使用推论思维的启发。

下文中的思维游戏利用美观且自然的开放性材料(更多信息详见第八章中的"开放性材料"),促进了推论思维以及分类思维技能的发展。

思维游戏:石头游戏

在一个由4~6名学生组成的小组中,在活动开始时,学生们仔细观察和描述一组小石头中每块石头的属性,并按照它们的属性进行整理(见图3.1中的左侧照片)。这些石头经过精心挑选,至少在一个属性(如大小、颜色或形状)上是不同的。然后,这些石头被随机地排列(见图3.1中的右侧照片)。一个学生是石头的"主人",他选择其中的一块石头,趁其他学生不注意时,把它藏在一个小盒子或杯子里。因为对许多年幼的学习者来说,仅仅闭上眼睛是很难避免偷看的——诱惑太大,所以可能需要让他们转动身体,背对石头,或者把头埋进交叉的手臂中。然后学生们观察剩下的石头,试图找出哪块石头不见了。

图3.1 石头游戏

当一个学生认为自己知道答案,并能够详细地描述石头的属性,以将其与其他石头区分开时,她就可以将手举过头顶。第一个这样做的学生先回答。如果这个学生答错了，或者不能通过充分描述石头的属性来区分它们，那么就轮到第二个学生回答。石头的主人负责提供帮助，必要时教师可以进行协助。答对的学生将成为石头的下一个主人。

刚开始玩这个游戏时，应该只有少数几块石头，这样学生就可以很容易地弄懂游戏规则，并在一开始时就取得成功。对于年龄较小的学生，可以将石头有序地摆放在一起，就像图3.1中的左侧照片那样。石头的数量、属性和影响因素应根据学生的年龄和能力水平而调整。例如，左侧照片中显示了十二个石头，有三个属性（形状、大小和颜色），涉及九种因素。这九种因素包括：椭圆形和圆形两种形状；小和大两种尺寸；白色、浅灰色、深灰色、黑色和带黑线的白色（或双色）五种颜色。对于所有年幼的学生来说，不断增加挑战是很重要的。更具挑战性的变化包括在藏好石头后重新排列、藏多块石头，以及增加石头的数量，以增加属性（如厚度和纹理）和因素（如厚和薄、光滑和粗糙、中等大小、长方形和棕色的石头）的数量。

为了得到正确的答案，学生们需要使用推论思维以及记忆和复述两种低阶思维技能。他们观察石头的属性，排除各种可能性。教师可以使用或改编下段中描述的推论思维过程，作为一种教学工具，使推论思维明确化，并演示如何使用推论思维来解决问题。

"现在有八个椭圆形的石头，所以藏起来的石头一定是圆形的。在之前的四块圆形石头中，有两块大的石头，两块小的石头。既然现在有两块大的石头，那么藏起来的石头一定是小的和圆的石头。这里的一块圆形的小石头是浅灰色的，所以藏起来的石头不是白色的，就是深灰色的。我很确定它是深色的，所以我排除白色。我认为藏起来的石头是小的、圆的、深灰色的。"

结　　论

既然有八种不同的中阶思维技能，那么很明显，大量的思维过程涉及逻辑思维技能——或者至少应该涉及逻辑思维技能。大多数人知道什么时候和为什么要采用逻辑思维技能,知道逻辑思维技能的重要性和价值,并且熟悉这八种技能(即使他们不熟悉这些术语)。然而,大多数人很难有效地使用它们,也很难避免偏见、干扰、精神上的懒惰,以及其他阻碍或破坏使用这些技能的影响因素。如果学生有明确的目的和指导,并且有更多的机会在各种情况、情境和领域中练习逻辑思维技能,那么也许对更多的人来说,有效使用逻辑思维技能会更容易。

每种逻辑思维技能都是在四个思维过程(选择/决策、解决问题、制订计划/制定策略和分析)中使用的批判性和创造性思维技能的基础。如果基础薄弱,或者通过逻辑思维技能获得的信息有误,那么即使运用了最高级的批判性和创造性思维技能也可能于事无补,无法产生有效和可靠的结果。然而,当批判性和创造性思维技能的灵活性和开放性与可靠的逻辑思维技能的力量融合在一起时,通向智慧的路径就会很清晰。

本章的主要观点

中阶思维技能是指各种形式的逻辑思维技能,共有八种技能。

- **描述**。这是用来确定事物的突出特点或主要特征的思维。这些事物的特点是可以辨别的,但不是预先设定的或者明显的,如一个故事中的情节、主题、主角和反面角色。
- **联想/辨别**。因为比较这个术语有多种含义,所以用联想(在两个可比较的事物之间建立逻辑联系)和辨别(在两个可比较的事物之间做出逻辑上的区分)这两个更具体的术语更合适。联想/辨别思维指的是用来描述两个可比较的事物之间的关系、它们的相似之处和不同之处的一般性思维技能。
- **分类**。分类思维是按一个或多个共同属性对事物或概念进行分组的技能。分类的属性或目的是由学生决定的,而不是预先设定的。当有许多抽象的属性时,分类可能是一个复杂的活动。
- **排序/模式**。排序或模式需要遵循一套指示(可能是隐晦的,而不是明确的)或逻辑顺序,如从最矮到最高、按字母顺序、从价值最高到价值最低,或者从最重要到最不重要（确定优先次序）。模式可以像流行歌曲的"主歌—副歌—主歌—副歌"这一顺序那样简单而有规律，也可以像勃拉姆斯交响曲中反复出现的变奏曲式那样复杂。

- **计算**。这是进行加、减、乘、除等数学运算的思维。
- **建立因果关系**。因果思维包括理解一个事件和它的影响因素之间的关系。年幼的学习者正在发展识别某些原因具有延迟影响、某些结果出于多种原因，以及某些原因会产生多种结果的能力。
- **表征**。表征思维是在实际事物和传达其意义的符号之间建立联系的能力。字母表征声音或等级，机场的图标表征信息，情绪表征感受，数字表征数量。
- **推论**。推论思维用于通过排除其他可能性来确定"正确"的解决方案或答案。

逻辑思维活动通常是构成高阶思维活动的基础。进行评价或解析的标准（高阶思维技能）是根据逻辑思维技能制定的，而良好的逻辑思维技能是保证标准准确和完整的必要条件。

讨论

- 讨论具备清晰的逻辑思维面临哪些障碍和挑战。教师需要如何帮助学生尽量减少这些障碍？
- 计算机技术对人类的逻辑思维技能有哪些积极和消极的影响？最终效果是积极的还是消极的？为什么？有哪些方法可以使技术适用于年幼的学习者，帮助他们发展广泛的逻辑思维技能？
- 在建立因果关系方面，成人常犯的错误有哪些（在解释某些科学和自然现象时，这些错误尤为常见）？这么多成人犯这些错误的原因可能是什么？教师如何帮助学生避免犯这些错误？
- 作为数学课的一部分，学生将在许多年里花很多时间学习和使用量化（一种低阶思维技能）和计算（一种中阶思维技能）技能。如何引入高阶思维技能，使课程更具吸引力和挑战性，又不至于使问题对年幼的学习者来说太难？

第四章 高阶思维技能
——领悟和创新

虽然记住贝多芬奏鸣曲的过程需要一系列高水平的低阶思维技能，但只有具备卓越的创造性思维技能（尤其是解释/综合）的钢琴家，才能敏感而富有激情地演奏，让观众感到愉悦和感动。只有具备优秀的创造性思维技能的演员，才能将哈姆雷特这个角色演绎得栩栩如生。要想把音符变成音乐，把文字变成角色，就需要具备高阶思维技能。那些拥有最高级的创造性高阶思维技能的音乐家和演员，被我们称为艺术家。

高阶思维技能的两种主要类型——批判性思维技能和创造性思维技能——有不同的目的，但同样重要。批判性思维技能使人们能够超越表面的现象而看到本质，超越琐碎的事物而看到关键，不仅知道且真正理解。四个关键的思维过程——选择/决策、解决问题、制订计划/制定策略和分析——都需要或应该使用批判性思维技能。如果在这四个思维过程中同时运用创造性思维技能，那么其结果几乎总是更加高效且更具影响力。创造性思维也被用于完成一些常见的任务，如布置和装饰教室、制订有趣的教学计划、编故事、改编歌曲、解决学生之间的冲突和与家长之间的道德困境、为活动提供新点子等。在承担这些任务时，具备高水平的创造性思维技能是非常有益的。

批判性思维技能：远不止我们看到的那么简单

批判性思维技能中的五种技能——解析、评价、推断、转换视角和迁移——

比逻辑思维技能更多地牵涉对信息进行主观和深入的操作。逻辑思维技能是一种实用的思维技能,而批判性思维技能更多地依赖概念思维。信息不是从表面价值中被获取,而是被使用、操作、转换、检查、评价、分析、评判等。批判性思维技能有许多重要的目的和目标,其中有四个目的(目标)是至关重要的:

- 清晰、准确地思考
- 为理解而学习
- 透过表面现象看问题
- 确定信息的准确性

批判性思维技能有助于调整个体的思维错误,避免被广告商、政客、销售人员、假新闻的传播者和其他人使用的错误思维欺骗。批判性思维技能的理想使用方法是,保持怀疑但不愤世嫉俗,保持开放但不轻信。

解析

一般来说,解析是指批判性地分析和仔细地检查某事物。但它通常用来指一种特殊类型的批判性分析,其目的是揭示更深层次的含义和暗示,以及确定某事物(如言语、行为或文本)的真实性。此外,解析可以用来过滤信息、质疑假设,以及透过表面现象看到可能具有误导性或错误的东西。然而,解析通常并不被认为是一种思维方式。解析是一个没有形容词形式的动词,似乎也是英语中唯一具有这种特性的动词,但它切实地描述了应用这一系列重要且相关的批判性思维技能的行为。从逻辑上讲,如果分析被认为既是一种活动,又是一种思维方式,那么解析(显然是分析的一种类型)也可以被认为既是一种活动,又是一种思维方式。

研究人员和计算机程序员使用软件来解析数据(拆分和重新排列大量的信息),以找到数据的结构和关系,这些结构和关系可以揭示数以千计的数据以随机顺序或不同的方式组织时所无法被发觉的含义。通常,数据(如考试分数)

是数字形式的。这个过程还能够揭示异常值或错误值。在大多数情况下，这些异常值是错误的。这些错误通常是在向计算机程序中输入信息时发生的错误，例如错误地输入了 200 分（最高分是 100 分）。调查记者和政治分析家也会解析信息，这些信息通常是基于文本的。两者的解析过程和目标非常相似；然而，后者发现的是思维错误而非数值错误。

解析还阐述了非正式而快速地质疑假设和过滤偏见的思维方式。看到的、听到的或读到的任何信息，都可以被解析。"那看起来确实像 UFO[1]！"我们来解析一下这条信息。也许那个东西是卫星或者类似的东西。我们可以查查美国航空航天局和美国国家海洋和大气管理局的网站。虽然并不是每一条信息都需要或应该被解析，但很明显，解析是一种未得到充分利用和发展的思维技能。仔细观察、了解各种类型的思维错误，以及提出深刻的问题，都有助于解析。教师可以在项目、课程和游戏中，以及当教育时机出现时，促进学生解析技能的发展。当和三年级学生一起回顾一个复杂的故事时，教师可能会说："和你的同伴一起，解析一下这个女孩在故事中的行为。如果你认为她假装不在乎，那么她为什么要这么做？如果你认为她真的不在乎，那么作者想传达什么信息呢？"

帮助学生提出深刻的问题（又称高阶思维问题）也有利于解析技能的发展。在一天中，教师可以通过询问不同类型的深刻问题，为学生提供示范和样例（更多信息详见第九章中的"高阶思维问题：玫瑰与荆棘"）。教师也应该回应学生的问题，帮助他们提出更复杂、更集中、更清晰的问题。教师可以促使学生将推断问题的陈述转化为实际问题。例如，如果一名幼儿说"我做不到 Y"，那么教师可以问"你想怎么做？"或者"你能问我一个问题吗？"。如果有必要，教师可以提出诸如"我该怎么做 Y？"或者"你能帮我做 Y 吗？"等问题。

在下文的思维快照活动中，教师利用即将到访学校的童书作家提供的机会，发展学生提出深刻问题的能力，引发学生对写书、作家的工作和书籍本身等有更加深入和全面的了解。

---

[1] 是 Unidentified Flying Object 的缩写，一般指不明飞行物，又称飞碟。——译者注

思维快照：向作家提出问题

在一位著名童书作家到访的前几周里，里斯先生的一年级学生阅读了该作家的几本书，了解了她的职业和个人生活。他们观看了一段她在工作室里为一本新书绘制插图的短视频。在童书作家到访的前一天，里斯先生带领他的学生们进行了一次讨论，以进行非正式评估，并在必要时提高他们提出深刻问题的能力。

里斯先生：我们列一个清单，写好明天想要问童书作家的问题。回想一下我们从她的书、我们看过的视频以及她的传记中了解到的东西，然后想一些能给我们提供更多信息的问题。想一些不能用一两句话来回答或者很容易找到答案的问题，比如"你在哪里出生？"，相反，我可能会问"你的童年是什么样的？"，我对此很感兴趣。我会把你们的问题写在白板上。

杰登：写一本书很难吗？

里斯先生：如果作家说"是的"，那么接下来你会问她什么？

杰登：是什么让写一本书如此困难？

里斯先生：是的，那会给我们提供更多的信息。也许你可以从这个问题开始。

罗莎：但她可能会说"不！"，也许写一本书很容易。

里斯先生：说得好，罗莎。你有什么建议？

罗莎：也许可以问"是什么让写一本书变得更困难或更容易？"。

里斯先生：你觉得怎么样，杰登？罗莎对你的问题做出的修改如何？

杰登：可以。但这样说——"是什么让你写一本书变得困难或容易？"——听起来更好。

里斯先生：是的，我同意。罗莎似乎也同意，因为她点了点头。如果你允许的话，我建议稍微改写一下这个问题，改成"对你来说，这本书中的哪部分写起来容易，哪部分写起来难？"。大家怎么看？（学生频频点头）另一个真正理解某事的好方法是追问一些问题。这些问题基于第一个问题的答案,可以帮助我们了解更多、挖掘更深的信息。如果作家说她想出故事的点子很容易,那么我可能会追问"你最好的点子是从哪里来的?"。

在结对或小组学习、互相帮助、互相采访、采访家庭成员时,学生有很好的机会来练习提出深刻的问题。

在互联网、电视和其他媒体上,谣言、谎言和广告被以越来越复杂的方式伪装成事实和客观的信息,因此帮助学生发展解析技能以应对这些情况至关重要。社交媒体的用户应该在他们的计算机旁放一个标语:"发布之前先解析!"

评价

评价的目的是更好地获取信息、形成意见,以及拥有必要的信息,以做出决策、决定或判断。"这不合适"是一种评价,"这是错误的部分"是基于评价的判断。评价包括对实际情况与某些标准进行具有批判性的比较。标准可以很直接且很容易客观地确定,比如"费用不可能超过10美元"或"单词必须拼写正确"。标准也可能很复杂且很难客观地确定,比如"它必须让每个人都满意"或"答案必须周密"。这些标准需要对什么构成"满意"和"周密"制定一套子标准。

良好的评价思维有助于纠正草率的判断,并做出更审慎的判断。它是信息和决定之间的高阶联系,有助于使偏见最小化,保证最大程度的客观。测试是正式的评价,是评价思维的有形形式,就像图标或符号是表征思维的有形形式一样。有效、可靠并能提供有用信息的测试,能够反映出高水平的评价思维。

在体育赛事中,裁判员经常通过将球员的行为与规则(标准)进行比较来评价球员的行为。他们的主要评价标准是判断规则是否被破坏,同时评价规则被破坏的程度。并不是所有的违规行为都严重到需要受到处罚,有些行为甚至严重到需要受到比通常的处罚更严厉的处罚。评价违规行为的严重性,使用的标准是从"明显无意且轻微"到"有意且危险"的连续体。裁判还会评价比赛场地的状况、球员的健康状况（特别是在球员受伤的情况下），并且就足球比赛而言，裁判还会评价规定时间过后，需要多长时间的加时赛。这些评价基于比规则更主观、更灵活的标准。球员和球迷都希望裁判能够快速、准确、一致、客观地做出评价。这非常困难，因为人类不是机器——这就是机器和技术被越来越多地用于验证或否定一项裁决、协助裁判做出准确的评价或完全取代裁判的原因。现在有多个角度的慢动作视频、球门线摄像机、球跟踪技术等。用体育运动做过于冗长的类比旨在表明，一项决策、裁决或判断的准确性完全取决于评价思维的质量。

有效的评价思维包括对细节的细致关注、对标准的透彻了解，以及对标准的客观、公正、灵活运用。在更高级的水平上，评价思维考虑例外、不寻常的情况、特定的个体，以及其他情境因素。

有许多自然发生的机会来帮助学生增强这些技能。例如，一位三年级教师给她的学生提供了三个选择：在课间休息时到户外玩（即使下小雨）、在体育馆里玩，或者继续在教室里做项目。她让学生根据自己的喜好分成三组，然后她制作了一个表格（有三列），每一列代表一个选择。每组学生都有机会说出为什么他们的选择比其他选择更好，教师在每一列里写几个关键词来捕捉他们的想法。在这个过程中，她培养了学生的评价思维技能，并在表格的最底部为每一个选择附加了一个优点和缺点，以示范更高级的评价思维。最后，教师将大家集合到一起，总结了表格上的信息并组织了投票活动。

评价是一项基本的高阶思维技能，虽然在学校里表现为常见的思维活动，但很少被认为是学生应该掌握的重要技能。特别是对年幼的学习者来说，它通常不作为学生的学习目标，也不常在课程中得到讨论或评估。但学生需要很多机会来练习制定评价标准，并公平、客观地应用它们。一个有效的方法是，让学生们自评和互评作业。下文中的"认知活动：绘制地图"提供了一种同伴评价的方法，可以将竞争最小化，消除负面批评和情绪伤害。在下文中所述的活动进行前一个月的时间里，学校里还开展了三项类似的评价活动，每一个活动都比前一个活动复杂一点。

认知活动：绘制地图

作为地图绘制项目的一部分，一年级学生以小组为单位来绘制学校地图。（年龄大一点的幼儿园和学前班儿童可以绘制教室地图，二年级学生可以绘制学校附近的社区地图，三年级学生可以绘制学校周围的更广范围的社区地图。）在活动开始之前，教师在课堂上组织了一场讨论，以制定确定一幅地图好或坏的标准。他们提出了三个标准：是否准确？是否易于阅读和参照？是否成比例？在这些标准的基础上，教师为每名学生都制作了一张评价地图，如图 4.1 所示。

事物通常在它们应该在的地方，而且没什么重要的东西被遗漏。这张地图是准确的。

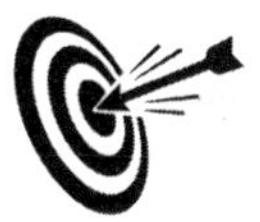

地图上的事物画得井然有序。地图上事物的形状与真实事物的形状相同（或足够相似）。这张地图易于阅读和参照。

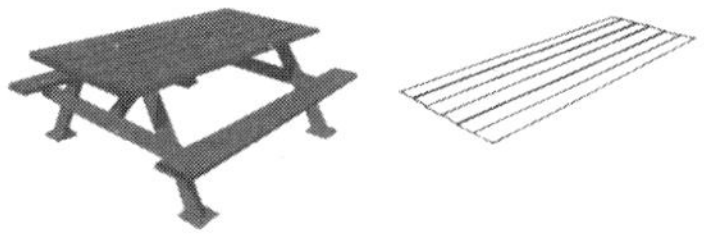

现实中大的事物在地图上也大。现实中隔得远的事物在地图上也隔得远。这张地图通常是成比例的。

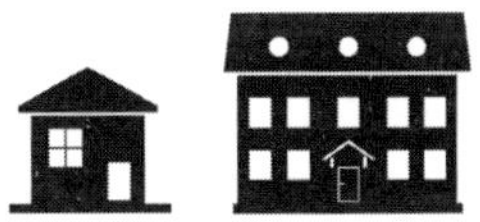

图 4.1　评价地图

当第一组学生向全班展示他们的地图后，其他学生填写评价表。如果认为地图符合标准，那么就在第一组的方框里画一个圈；如果认为地图不符合标准，那么就在第一组的方框里画一条线。（当学生做得得心应手时，教师会增加一个三级评价量表，让学生评价地图是稍微满足、大部分满足，还是完全满足标准。）在每个小组展示和评价结束后，教师收集评价表，并与每个小组分享结果。教师根据评价结果，帮助每个小组找出他们可以做什么，以改进他们的地图。当天晚些时候或者第二天，这些小组有机会重新绘制地图，并再次进行展示和评价。

评价和判断不同，尽管它们在日常讲话中常常可以互换使用。判断是在分析结束后，通过综合分析过程中所做的评价以及其他因素和信息而做出的（更多信息详见第五章中的"分析"部分）。判断包括成绩单上的分数，陪审团做出的有罪或无罪的判决，或者影评人竖起或倒竖的大拇指。

推断

进行推断需要搜集间接相关的、隐含的或不完整的信息。推断的能力似乎是与生俱来的。8个月大的语前婴儿可以根据基本的视觉线索做出简单的推断（详见第六章）。大多数4岁幼儿都能够推断出小红帽受到了狼的威胁，尽管小红帽似乎并不知道，而且故事（在大多数的版本中）也没有明确说明这一点。我们通常会根据别人的外表、行为或语调来推断其感受，尽管他们的话语传达出非常不同的信息。当朋友不再回复我们的信息时，我们会推断他们对我们不满或者他们出了什么事。

但是，当处理微妙的、复杂的、模糊的或矛盾的信息时，推断就变成了一种非常高级的思维技能。间谍或情报人员根据照片、视频、文件、文字和口头交流中的零碎信息——这些可能是也可能不是准确的、有价值的或有关联的——来确定国家是否面临迫在眉睫的危险、危险的性质，以及谁可能是幕后主使。

书籍是促进学生发展推断思维的重要资源。教师可以让学生通过仔细检查书籍封面上的信息，尽可能多地推断出关于这本书的事情。然后，当自己或教师阅读这本书时，学生要回答一些需要推断的问题，比如，为什么一个角色会做或说一些令人意想不到的事、故事发生的时间和地点、一个角色对另一个角色的感受，以及作者通过故事传递了什么信息。

下文呈现了一个促进推断思维发展的、令人感到愉快的认知活动。通过使用语句图卡（类似于下文中的示例），学生需要指出每句话所强调的图片或字词。

认知活动：相同的词，不同的意思

教师读出以下句子，重读强调的字词，并对它们表达的不同意思进行讨论。

安娜听到一只小狗的声音。

安娜听到一只小狗的声音。推断：你听到了吗？或者，卡蒂没有听到。

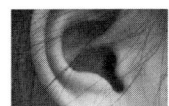 安娜听到一只小狗的声音。推断：她看不到小狗。

安娜听到一只小狗的声音。推断：不是一只大狗。

 安娜听到一只小狗（puppy）的声音。推断：不是成年的狗（dog）、小猫或其他动物。

然后教师回顾一个跟上文中类似的句子（没有图片），说明重读一个特定的字词和使用肢体语言怎样改变从句子中推断出的意思。例如：当强调"听到"这个词时，人们会竖起耳朵；当强调"小"这个字时，人们会假装自己拿着一个小的东西。当有了参与这个活动的经验后，学生们分成小组，分别组织一个句子，并向全班展示如何在口头和肢体上强调不同的字词，以改变从句子中推断出的意思。

转换视角

转换视角是指从另一个角度看问题的能力。它包括人际的和物理/空间的视角。它是听到另一个人的观点时产生同理心的基础，也是想象物体和空间时的空间敏锐度的基础。心理学家通过转换视角来理解他们正在帮助的人，并与其建立关联。职业冰球运动员和其他运动员，可以快速想象出自己在冰上的位置和运动轨迹，以及他们的队友和对手（包括在他们身后的球员）的位置和运动轨迹。这使他们有能力闪过防守者，并非常迅速和准确地传递或截住冰球。在那些令人惊叹的"不用看"就能躲闪的瞬间背后，是高水平的转换视角思维。

站在别人的角度考虑问题，涉及收集和理解关于这个人的视觉和言语信息、读懂非语言线索，并准确判断所表达的感受（推断）的能力。直到最近，这种能力一直被认为是超出儿童的"以自我为中心"的能力。然而，我们现在知道，即使是语前婴儿也能以令人惊讶的复杂方式产生同理心。从直觉上看，相比于想象一个房间的鸟瞰图，从另一个人的角度来看待事物是一个更加复杂的心理任务。然而，对于大多数年幼的学习者来说，转换社会情绪视角比转换身体或认知视角更容易（Hamlin，Wynn，& Bloom，2007；Hamlin，Newman，& Wynn，2009）。原因将在第六章中讨论。

故事中的角色能够提供许多很好的机会，帮助年幼的学习者发展转换视角的能力。如果从外婆或狼的角度来讲述小红帽的故事，听起来会是怎样的呢？薇拉·威廉斯的《妈妈的红沙发》（*A Chair for My Mother*，Vera Williams）是一个温暖人心的故事，一个小女孩表达了她对母亲的担忧和希望，她们在房子着火后失去了一切，她的妈妈在这之后的很长一段时间里都在餐馆里当服务员。

上文中描述的"认知活动：绘制地图"，帮助学生发展在视觉上转换视角的能力。为了绘制地图，他们需要把在地面上看到的大型三维物体想象成从上空俯瞰的小型二维物体。

迁移

迁移思维，也称为泛化思维，是接受一个概念并使其在不同环境和不同目的下成功运转的能力。迁移是首选术语，因为泛化有负面含义（尤其是涉及人的时候），它也可以意味着假设某事对群体中的一个或几个人来说是正确的，那么某事对该群体中的每个人来说都是正确的。

建筑师经常运用迁移思维。他们设计的每个结构都是独特的，但使用的功能、风格和技术几乎都是以前使用过的。其中一种技术是建造悬臂，它允许一个大型的、沉重的结构在下方没有其他结构支撑的情况下伸出或突出来。1935年，弗兰克·劳埃德·赖特（Frank Lloyd Wright）设计的落水山庄（Fallingwater house）使这种技术闻名于世。落水山庄的两个大型混凝土阳台从外墙伸出，俯瞰瀑布。现在，悬臂更常用于建造桥梁和体育场的屋顶，因为它能让每个观众都能对场地一览无余。虽然所有悬臂都使用相同的物理原理，但它们通常看起来非常不同，因为建筑师能够迁移概念，使其适用于各种用途、建筑风格、类型和结构尺寸。

年幼的学习者使用迁移思维的方式之一是开始意识到自己必须在不同地方或不同环境下有不同的表现。大多数年幼的学习者都在一定程度上理解这一点，尽管多多少少是出于本能和无意识的。他们在操场上和在教室里、在学校里和在家里的表现自然会有些不同。但是，当行为规范和期望不同寻常、模棱两可、武断或者不明确、没有预先告知时，他们就会遇到困难——就像许多成人一样。当孩子们在无意中违反了一些心照不宣的社会规范时，比如在超市里大声唱歌或者给所有的顾客展示他们新的神奇女侠内裤时，成人会觉得很好笑（尽管孩子们的父母会觉得有点尴尬）。这些事件忽然间提醒我们，存在很多大家心照不宣的社会规范，并且我们会假设每个人都知道。

在很多情况下，履行特定的行为规范都有很好的理由，但年幼的学习者很难理解。"为什么我在家里可以脱鞋，但在学校里就不可以脱鞋？""为什么我可以用手拿炸鸡，但不可以用手拿烤鸡胸肉？"理解并有能力在不同的环境中采取不同且适当的行动，是迁移思维发展的早期和基本的阶段。教师的角色是使这些行动差异明确和清晰，并帮助学生适应。学生从了解不同的行为期望的原因中受益。尽管对于教师来说，想出年幼的学习者能够理解的、简单的解释，是一件很有挑战性的事，但只要稍加练习，教师就能够很快掌握这种能力。这里有一个例子："因为在学校里的人比在家里的人多得多，所以对于有些事情，我们在学校里不能做，但我们在家里可以做。"先解释规范背后的总体概念，然后解释规范产生的原因，有助于学生发展迁移思维。"我们在学校里要一直穿着鞋，因为如果有人不小心踩到你的脚趾，你会很疼。而且在学校里有很多人的情况下，这很可能发生。"

期望大多数年幼的学习者能够在没有帮助的情况下使用迁移思维是不现实的（除非是在基本水平上）；然而，他们经常被期望这样做。一年级和二年级教师心目中好的、乖巧的学生是完全不同的样子，这可能与年龄期望无关，而与每位教师的个性和教学风格有关。要顺利完成这一转换，学生先要了解教师期望的不同，然后将自己在一年级时的"好学生"概念及相关行为进行迁移，并将其调整到新的情境中。一位睿智的二年级教师明白，年级的转换对于年幼的学习者来说是困难的，但也是紧迫的。从开学的第一天起，她就可以把"好学生"的概念讲得非常清楚。她支持学生们在前几周内进行心理和行为上的迁移。这样，她就可以防止许多问题行为的出现，增加学生们参与学习的积极性，同时减少学生们的焦虑。

谁的规范才是规范？

在美国，多数学校并不要求学生在进入室内时脱掉鞋子，但在许多国家，学校会要求学生在进入教学大楼前把鞋子脱掉。在有的地方，学生会换室内拖鞋；在另一些地方，他们只需要光着脚。美国学校的许多规范在其他地方的学校看来可能根本不"正常"。在一个东欧国家中访问小学时看到的景象，让我感到非常惊讶。课间休息时，学校不禁止学生在走廊上奔跑、喊叫或打架。校长从两个正在打架的二年级学生身边走过，连看都没看他们一眼。这个国家的政客们因在议会会议和电视新闻直播中互殴而声名狼藉。如果小时候在学校里没有学会在冲突中使用高阶思维技能，那么一些人将永远学不会身体暴力之外的其他选择。

么某事对该群体中的每个人来说都是正确的。

建筑师经常运用迁移思维。他们设计的每个结构都是独特的，但使用的功能、风格和技术几乎都是以前使用过的。其中一种技术是建造悬臂，它允许一个大型的、沉重的结构在下方没有其他结构支撑的情况下伸出或突出来。1935年，弗兰克·劳埃德·赖特（Frank Lloyd Wright）设计的落水山庄（Fallingwater house）使这种技术闻名于世。落水山庄的两个大型混凝土阳台从外墙伸出，俯瞰瀑布。现在，悬臂更常用于建造桥梁和体育场的屋顶，因为它能让每个观众都能对场地一览无余。虽然所有悬臂都使用相同的物理原理，但它们通常看起来非常不同，因为建筑师能够迁移概念，使其适用于各种用途、建筑风格、类型和结构尺寸。

年幼的学习者使用迁移思维的方式之一是开始意识到自己必须在不同地方或不同环境下有不同的表现。大多数年幼的学习者都在一定程度上理解这一点，尽管多多少少是出于本能和无意识的。他们在操场上和在教室里、在学校里和在家里的表现自然会有些不同。但是，当行为规范和期望不同寻常、模棱两可、武断或者不明确、没有预先告知时，他们就会遇到困难——就像许多成人一样。当孩子们在无意中违反了一些心照不宣的社会规范时，比如在超市里大声唱歌或者给所有的顾客展示他们新的神奇女侠内裤时，成人会觉得很好笑（尽管孩子们的父母会觉得有点尴尬）。这些事件忽然间提醒我们，存在很多大家心照不宣的社会规范，并且我们会假设每个人都知道。

在很多情况下，履行特定的行为规范都有很好的理由，但年幼的学习者很难理解。"为什么我在家里可以脱鞋，但在学校里就不可以脱鞋？""为什么我可以用手拿炸鸡，但不可以用手拿烤鸡胸肉？"理解并有能力在不同的环境中采取不同且适当的行动，是迁移思维发展的早期和基本的阶段。教师的角色是使这些行动差异明确和清晰，并帮助学生适应。学生从了解不同的行为期望的原因中受益。尽管对于教师来说，想出年幼的学习者能够理解的、简单的解释，是一件很有挑战性的事，但只要稍加练习，教师就能够很快掌握这种能力。这里有一个例子："因为在学校里的人比在家里的人多得多，所以对于有些事情，我们在学校里不能做,但我们在家里可以做。"先解释规范背后的总体概念,然后解释规范产生的原因,有助于学生发展迁移思维。"我们在学校里要一直穿着鞋,因为如果有人不小心踩到你的脚趾,你会很疼。而且在学校里有很多人的情况下,这很可能发生。"

期望大多数年幼的学习者能够在没有帮助的情况下使用迁移思维是不现实的(除非是在基本水平上);然而,他们经常被期望这样做。一年级和二年级教师心目中好的、乖巧的学生是完全不同的样子,这可能与年龄期望无关,而与每位教师的个性和教学风格有关。要顺利完成这一转换,学生先要了解教师期望的不同,然后将自己在一年级时的"好学生"概念及相关行为进行迁移,并将其调整到新的情境中。一位睿智的二年级教师明白,年级的转换对于年幼的学习者来说是困难的,但也是紧迫的。从开学的第一天起,她就可以把"好学生"的概念讲得非常清楚。她支持学生们在前几周内进行心理和行为上的迁移。这样,她就可以防止许多问题行为的出现,增加学生们参与学习的积极性,同时减少学生们的焦虑。

谁的规范才是规范?

在美国,多数学校并不要求学生在进入室内时脱掉鞋子,但在许多国家,学校会要求学生在进入教学大楼前把鞋子脱掉。在有的地方,学生会换室内拖鞋;在另一些地方,他们只需要光着脚。美国学校的许多规范在其他地方的学校看来可能根本不"正常"。在一个东欧国家中访问小学时看到的景象,让我感到非常惊讶。课间休息时,学校不禁止学生在走廊上奔跑、喊叫或打架。校长从两个正在打架的二年级学生身边走过,连看都没看他们一眼。这个国家的政客们因在议会会议和电视新闻直播中互殴而声名狼藉。如果小时候在学校里没有学会在冲突中使用高阶思维技能,那么一些人将永远学不会身体暴力之外的其他选择。

> 另一方面，相比美国大多数学校的课堂，这个国家的课堂更有活力、更生气勃勃。当然，相比课间的走廊，课堂还是更安静的，教师也有足够的控制力来避免混乱。在课堂上，学生们四处走动、激烈辩论、大声地说出自己的想法和意见，以及表达自己的感受和情绪（包括对教师的喜爱）。在学校内的某个地方，随时可能有学生跳传统舞蹈或唱传统歌曲，这是这个国家的文化中不可或缺的一部分。也许，鼓励学生对学校和学习产生外显的热情和享受，以及融入音乐和舞蹈的课堂规范，能够使美国课堂上的许多学生和教师受益。

创造性思维技能：无所不能

对有些人来说，具备创造性思维技能很容易，也很自然。其中，有一个重要的群体是被迫进行创造性思考的。作为学生，他们往往有一段非常艰难的时光，因为典型的学校活动很少给他们提供发挥创造力的机会。创造性思维和创造力经常被误解为是只有少数人才拥有的稀有技能。也许这是因为它们通常不被用作教学策略或不被直接教授。它们被错误地认为归属于课外活动，比如放学后的美术课或音乐课。但创造性思维是我们每天都必不可少的、常用的生活技能，比如在工作会议上提出点子、想象厨房的改造、调整配方、编一个故事讲给孩子、想到新的主题、将教师指导下的一个枯燥且普通的活动改造成一个迷人且具有挑战性的活动等。

有了指导和实践，大多数人可以在更高级的水平上、在更多的情况下、更经常地进行创造性思考，以获得更好的效果。例如，冲突和分歧往往通过一方赢、一方输或双方不情愿的妥协来解决。然而，通过使用重构这一创造性思维技能，问题往往可以得到解决，并且双方都不会输或被迫妥协。与所有的思维技能一样，创造性思维技能可以通过适当的指导、支持和实践得到改善、拓展和磨炼。本书提供了实现这一目标的策略和技术。

想象

这是创造性思维技能中的核心技能。想象对于所有的创造性活动都是必要的。尽管如此,在一些教育项目中,运用自己的想象力有消极的含义,在那里它与无聊的而非"学术的"活动联系在一起。阿尔伯特·爱因斯坦(Albert Einstein),一个有着非凡的学术专长的人,说过:"想象力比知识更重要。"(Viereck,1929,p. 117)然而,许多教育者没有意识到学生拥有良好的想象力并经常使用它有多么重要。除此之外,想象力能够帮助学生更好地理解几乎所有的东西——从数学应用题到抽象的科学概念(比如人类进化前数百万年的地球是什么样子的),再到他们正在阅读的一本书中具有挑战性的段落。

艺术家——无论是画家、雕塑家、作曲家,还是编舞家——都能从最初的想象中创造出一些有形的东西。拥有强大的想象力的人往往被艺术吸引,在那里他们可以表达自己心中的想象。现如今,许多最有创造力的艺术家在学校里的表现并不好,因为他们很少有机会发挥想象力,创造性地表达自己。他们很少能够展示自己的力量,经常感到压抑、沮丧、无能和不自在。

与其将富有想象力的思维活动归为艺术、音乐、特殊事情或学术工作之余的休息,还不如在几乎所有的活动中都添加创造性元素。这不仅能够满足课堂上年幼的艺术家的需求,还有助于那些不倾向于使用他们的想象力来磨炼这种重要思维技能的学生。

此外,还有许多活动的主要目的是磨炼和拓展想象思维,其中的一些活动是容易实施的,比如下文中提到的"思维游戏:形状改变"。

思维游戏:形状改变

学生们围坐成一圈传递一张硬卡片,卡片的形状是一个等边三角形,边长约为20厘米。每个学生拿着它,说出并展示它可能是什么,如帽子、围嘴、面具、标志、一块比萨或其他物品。学生们被鼓励而非强迫提出一个原创的想法。

发言或者等下一次机会都可以。每轮游戏进行时，形状都会发生变化。随着学生们玩得越来越熟练，挑战也随之增加，比如同时使用两种形状。学生们也可以用物品当作游戏对象，比如使用压蒜器、大木勺、培根钳、土豆泥捣具、网球或波板球球拍、小树枝或大松果。

下文中的"认知活动：发明家的发明"说明了从基础到高级的想象思维技能的促进作用。学生们被要求发明一些东西。他们可以以小组或两人一组的方式工作。这些发明可以很容易地联系到任何内容领域，或者针对特定的技能进行练习或改进。

认知活动：发明家的发明

1. 通过结合现有的两种动物的部分构造，发明一种新的动物。（如果要求他们描述动物的特征、栖息地、饮食或其他要素，就会变得更加复杂。）

2. 发明一种新的乐器。它可以是由现有乐器的一部分组成的，也可以是完全原创的。解释它是如何演奏的并演示它的声音。

3. 发明一个新的国家。描述它的历史、语言、食物、音乐、地理、服饰等。解释为什么它最近才被"发现"。

4. 发明一款新的电子游戏。这款游戏既能供人娱乐，又能传递有关国家、名人、历史事件、科学或数学概念的知识。描述和解释游戏的细节并附上图纸。创建一个故事板，展示随着游戏推进，游戏内容如何变化。找出游戏的优点和潜在的问题或弱点。

解释 / 综合

一般来说，解释思维包括把已经存在的东西变成自己的。"加入你自己的想法"("Put your own spin on it.")就表达了这个意思。因为解释这个词有多种含义，所以理解它作为一种思维技能的含义是很重要的。它涉及有意识和潜意识的思考。它是一种创造性思维技能，因为解释的数量和种类是无限的，所以每个人的解释都是不同的，反映了每个人独特的情感。综合与解释是非常相似的。综合的本质是整体大于部分之和的理念。综合思考就像编织挂毯。有多种颜色的线（想法、概念、观点、事实），在它们被编织（综合）成一个图案或一幅图画之前，其本身可能没有什么意义。

基本的解释/综合思维的一个例子是拿到一个食谱，改进它、改造它或者让它更符合自己的喜好。想法可以从其他食谱、可用的食材、以前的烹饪经验或食材如何相互作用的知识中产生。创造力对解释/综合思维至关重要。将配方材料加倍是一种逻辑思维技能，用蜂蜜代替糖则是一种批判性思维技能（基本水平）。但是，"爸爸牌、豪华、独一无二、世界上最好的煎饼"则是解释/综合思维的最高水平。

在一个较高的水平上，表演艺术家将自己的想法、风格和情感融入他们所表演的作品。最伟大的表演艺术家与优秀的艺术家通常在技巧或天赋方面没有太大的区别。他们的不同之处在于，前者能够以一种有把握且独特的方式诠释作品，同时与音乐或演员饰演的角色完美协调。这种诠释令人感觉非常正确，以至于很难想象还有其他更好的诠释方式。演员基于他们对编剧及其意图、情节的历史和政治背景、角色、布景和过去表演的认识，批判性地反思作品、自己对作品的感受和想法，以及自己的优势和挑战。他们以独特的、具有创造性的方式综合所有信息，并将其体现在表演中。他们进一步反思自己的表演并做出调整，使自己的独特诠释得以充分展现。

在年幼的学习者中推广这种思维技能有什么意义呢？大多数人还不具备这种高水平的思维技能。但是，当学生开始熟练掌握前面所描述的由批判性和创造性思维组成的高阶思维技能时，这种思维技能的基础就奠定了。

一些学生（特别是三年级学生），可以开始使用高阶思维技能来完成一项更复杂的任务。在混合能力组中要提供充足的时间开展项目学习，教师和家长所提供的支持将促进儿童高阶思维技能的发展。项目活动自然有助于儿童整合和贯通不同内容领域的学习，并且具有多方面性和复杂性，可以应用不同类型的思维技能。此外，在记录项目活动的过程中，学生会综合使用文字、演讲、图纸、模型、视频和照片（更多信息详见第八章中的"项目和调查：在行动中探究"）。

即使是最基本水平的解释和综合的能力，也需要训练、支持和练习。其中一种途径是让学生表达他们对重大事件、读过的书、班级同学一起看过的电影或视频及实地考察等经历的感受和看法。同时，应该要求学生进行批判性反思。通过这种方式，学生将学习许多有效的解释和综合事件经验的方法。教师可以通过扩大学生的词汇量，让学生用具体的例子来支持自己的观点和感受，帮助学生清晰、简洁地表达，提高学生的解释思维技能。

归纳 / 理论化

归纳思维包括将信息拼凑起来创造新事物，获得新的或更深层次的理解，以及做出预测或假设。与此密切相关的是理论化思维，涉及将信息联系起来，形成一个概念（理论），将信息统一起来并解释它们是如何关联的。在高级水平上，归纳和理论化思维都有想要回答重要问题和解决关键问题的特点。归纳 / 理论化思维的水平取决于用来发展理论或创造事物的信息的数量和复杂程度。例如，作曲家运用归纳思维，利用他们在音乐结构和质量（音阶、音调、调性、音量、和声、乐句）方面的知识，来创作一首新的音乐作品。律师用证据立案时会采用归纳思维。从柏拉图（全人教育）到斯金纳（行为主义），到约翰·杜威（进步主义），再到霍华德·加德纳（多元智能），思想家们提出了关于儿童学习和发展方式的理论，这些理论对教育实践产生了巨大的影响。

归纳和演绎就像具有相反性格的兄弟姐妹。归纳包括合并或增加信息，而演绎包括分离或排除信息。但二者住在同一所"房子"里。它们可以应用于同一任务，并且具有相同的目标——得出一个有根据的结论或结果。不幸的是，促进归纳和理论化思维的活动在学校里太少见了。让年幼的学习者使用他们已经知道的游戏元素来创造游戏，或者结合两个故事的人物和情节来创造一个故事，都是促进归纳思维技能发展的方法。教师可以通过引导学生讨论没有明确答案的问题来促进理论化思维技能的发展,然后逐渐增加主题的复杂性:"为什么人们养宠物?""工作和娱乐有什么区别?""聪明的或智慧的是什么意思?""为什么有些人贫穷,有些人富有?""为什么会有战争?"

在教育方面,关于促进学生学习和获得成就的最佳方式存在相反的理论。一方遵循以数据为中心的理论,他们认为统一的标准和期望、基准、可衡量的结果、大量的测试和问责系统才是可行的。另一方遵循以学习者为中心的理论,他们认为个性化的目标和教学策略、非正式的基于课堂的形成性评估、积极的课堂氛围、有意义且参与度高的课程、良好的家庭伙伴关系等是最好的。两种理论的支持者都声称有证据(信息)支持他们的学生成就理论。然而,任何一方可能都不会从所有可用的关于学生学习的信息中发展理论,而是有选择地寻找支持其已经认同的理论的信息。在这种情况下,他们使用的不是归纳/理论化思维,而是低阶思维技能(如识别和组织),他们正在屈服于一种被称为"证实偏差"的常见思维错误。归纳/理论化思维是一种创造性思维技能,因为其结果或理论并非事先完全知道的。

重要的是,学生最终要有能力以一种理性且严谨的方式进行理论化。这也许在学生进入高年级之前是不可能的,但教师可以通过明确什么是理论、理论化意味着什么,并鼓励低年级学生使用理论化思维,为其后续阶段的发展打好基础。许多年幼的学习者可以在基本水平上建立理论,尽管他们可能需要帮助和支持,才能清楚和充分地表达自己。

下文中所述的"思维游戏:家庭群组"对简单的归纳和理论化思维有促进作用,不需要使用任何材料,适用于广泛的年龄/能力范围。在这个游戏之后是一个需要归纳思维参与的问题解决活动。

思维游戏:家庭群组

教师先从人类家庭群组开始解释家庭群组的概念,然后从人类家庭群组开始，用流程图（一种逻辑思维技能）这一图形化的方式将其表示出来，如图 4.2 的上半部分所示。然后教师解释，家庭群组这个术语也可以用来描述动物的种类，比如描述昆虫、鱼和鸟的种类。根据学生们的反馈，教师绘制了一张鸟类家庭群组的图，如图 4.2 的下半部分所示。

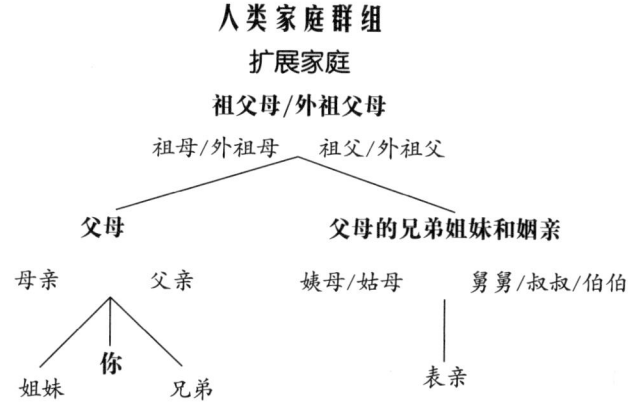

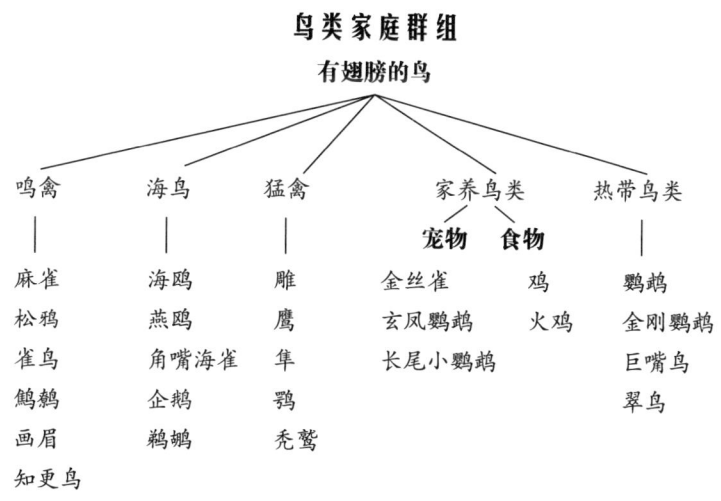

图 4.2　家庭群组

然后，教师列出鱼类和海洋哺乳动物的种类，学生们试着识别其所属的家庭群组。教师告诉学生们，除了动物，其他彼此相关的事物也可以放入同一家庭群组或类别，然后她要求学生们用一系列的事物来组建家庭群组。对于学龄前儿童来说，这些事物可能是衬衫、裤子、裙子、帽子、鞋子等。当然，家庭群组中的核心概念是"衣服"或"人们穿的东西"。对于学前班的孩子来说，家庭群组中的事物可能更具挑战性，比如涉及"珠宝""森林动物"或"人们早餐吃的东西"。一年级学生可以在家庭群组的建立方面接受进一步的挑战，比如涉及"你可以在建筑工地上看到的东西""声音很大的东西"和"可以打开和关闭的东西"。对于二年级学生来说，家庭群组中的事物可以包括"会融化的东西""闻起来好或坏的东西"和"成对出现的东西"。对于三年级学生来说，家庭群组中的事物可以包括"地球表面下的东西""罗尔德·达尔（Roald Dahl）书中的人物"和"不公平的东西"。

随着学生们玩得更加熟练，分类会变得更具挑战性，从而促进更高水平的理论化，比如涉及"人们在生活中离不开的东西""古老的东西""微观的东西""借口"和"钢琴的部件"。最后一种分类很难，因为它的主要部件是弦、键、锤和踏板。

另一种类型的挑战是将概念条目和实际条目混合列入清单。"你听不到的东西"可能包括长颈鹿的声音、一个婴儿在另一个城市中的哭声、沉默、音量调成静音的电视节目，以及某人在想什么。当然，学生们可以自己想出家庭群组中的条目，并创建清单来挑战其他同学。

家庭群组的创建也可以通过游戏节目的形式来进行，由学生组成的小组会随着时间的推移而展开竞争。小组成员可以通过多种方式获得积分，比如在其他小组之前确定好类别，创建一个准确但能让其他小组感到困惑的清单，或者采用上述两种方式的结合体。

下文中的思维快照活动说明了归纳思维在解决问题和理解具有挑战性的概念方面的价值。它是动手操作的、互动的、适合年幼学习者的。教师首先要经

历一个过程,将一个平淡无奇、毫无挑战性的沉浮活动,转变为一个更有挑战性、更复杂的活动,虽然在这个过程中有犯错误和不成功的情况,但不涉及高阶思维技能的运用。教师最后重新构建了自己的方法,并将其改变为一种有意识的活动,这种活动促进了学生对高阶思维技能的运用,并且更有利于学生理解漂浮的概念。

思维快照:让你的船浮起来

受最近研讨会的启发,塔米娜女士在她的学前班教室里建立了一个新的沉浮科学工作站。虽然她以前组织过很多次这样的活动,但这次她把它变得更加科学。她增加了一个记录单,学生可以将自己的发现和一些要测试的新项目以及以前测试过的项目都记录下来:小块的报纸刚开始漂浮着,但最后沉底了;一个小瓶子在空着的时候漂浮着,在装满水后就沉底了。

在学生测试每一个项目之前,他们会绘制有四列的记录单。在第一列中,他们写下要测试对象的名称或绘制对象的图片。然后,他们将"×"画在其他三列中的一列中,以表明自己认为它将"漂浮""下沉"或"两者都会"。测试之后,他们在对应列中画一个"√",以表明实际发生了什么,如表4.1所示。塔米娜女士会在学生完成后,向他们提问一些探索性问题,这也是该活动的新内容。然而,这些回答引起了她的惊讶和关注。虽然大多数学生喜欢这个活动,但他们都很难假设(一种归纳思维)哪些东西会下沉、漂浮或两者都有可能。大多数幼儿无法解释使某物漂浮或下沉的因素。统计实验结果是一个乏味且毫无意义的过程,幼儿的乐趣主要是把东西扔进水里,然后捞起来。塔米娜女士在一天结束的时候把活动材料收了起来,但她决心把活动做好。

表 4.1 让你的"船"浮起来

姓名：汉娜

物品	漂浮	下沉	两者都会
叉子		✘	
乒乓球	✔	✘	
铅笔	✔	✘	
勺子	✔		
杯子	✔	✘	
硬币		✘	
钥匙		✘	

经过几天的网上调查、阅读一些科学书籍、与朋友和同事交谈，塔米娜女士尝试了一种不同的方法。她意识到，密度、浮力和位移等抽象而复杂的概念正在发挥作用，如果幼儿园里的孩子们不能理解这些概念，那么最好不要开展浮沉活动，因为这实际上会误导他们。此外，当她问一些需要使用高阶思维技能的问题时，活动或她所做的事情中没有任何东西能够促进这种思考。

这一次，塔米娜女士以一个简短的演示和讨论开始。"这是一个小塑料瓶，里面装满了小鹅卵石。这是一个大玻璃罐，里面装满了……什么？"孩子们大叫："什么都没有！""事实上，里面有东西——空气。但是空气很轻，比水和鹅卵石轻得多。那么瓶子和罐子哪个更重？"有几个孩子试了试，然后说罐子更重。他们把它们放在天平上，全班同学都看到罐子要重得多。"那么，哪个会浮起来，哪个会沉下去呢？或者两个都会沉底，还是都能浮起来？我想让你们假设一下将会发生什么。假设的意思是你仔细思考，并尝试正确预测或猜测接下来会发生什么。试着记住你看到的东西是下沉还是漂浮的。"在每个人写好"下沉"或"漂浮"后，塔米娜女士会在两张便利贴上记录他们的答案，蓝色的便利贴代表小塑料瓶，粉色的便利贴代表玻璃罐。每个问题的答案几乎是对半分的。然后，她邀请两名学生将它们放入盛满水的容器中。"所以，罐子漂浮着，瓶子沉底了。我们从中学到了什么？"这引发了积极的讨论，之后，塔米娜女士在演示中说："当我们用一块石头替换罐子里的大部分空气时，它就会下沉。当我们把瓶子里的鹅卵石换成空气时，它就会浮起来。我们的罐子和瓶子都可以漂浮，这是因为它们的形状具有一定的特点。它们的内部有许多空间可以填充空气。同样的道理，大船可以浮在水面上，尽管它们非常重，但它们的内部有很多充满空气的空间。这里有不同种类的小船和大船的图片。让我们仔细观察它们的形状，并确定它们如何充满足够的空气，使其即使承载着人、引擎、家具和其他重物，仍然能漂浮起来。"

"现在，以小组为单位制作一艘会漂浮的船。你们知道，它必须有一个能容纳空气的形状。你有很重的箔片、木片、金属屑、金属丝和其他材料。你也有一些石头。你的船必须在装有一块石头的情况下，有足够的空气并漂浮起来。

也许你的团队能够制作一艘在装有两三块甚至更多石头的情况下,仍然能漂浮起来的船。你也有资源。这里有各种各样的船只的照片,有展示船只内部的书籍,有四桶水和用来测试船只的水槽,你可以随时向我寻求帮助。"

在工作过程中,有一组学生问:为什么一块木头即使不像船的形状且内部没有装空气的地方,仍然能漂浮起来?塔米娜女士打断了大家的工作,并上了一节迷你课程。"实际上,一块木头里面有很多空气。这些空气不是在木头中间的一个大空间里,而是在整块木头内部的'小口袋'里。石头内部没有空隙,所以会下沉。我会给大家一块木头和一块石头,还有这个非常厉害的放大镜。你们可以看到木头上的小洞,而在石头上就看不见这些小洞。"

除了促进归纳思维,思维快照中的活动还能够促进学生运用生成思维、想象思维、迁移和建立因果关系思维。学生们(和教师)参与了问题解决的过程。

重构

转换视角是一种批判性思维技能,但转换观念或重构是一种创造性思维技能。当转换视角时,另一种或多种视角是已知的。但重构可以包括观念上任何可能的改变。

有经验的调解人解决问题的有效方法之一就是,为他们的委托方重构冲突的本质。冲突解决是问题解决的一种特殊类型,通常被认为需要运用逻辑思维技能和批判性思维技能来达成妥协,但如果加入创造性思维技能(尤其是重构技能)会更加高效。在下文的思维快照活动中,一名调解人在一所小学的管理者和一名孩子的家长之间展开工作,这个家长想让孩子在这个秋天上学前班。

思维快照:重构一场家长与学校间的冲突

洛伦佐的5岁生日比学前班入学资格规定的日期晚一天。附近的一所学校提供全日制的学前班，并且作为一所艺术特色学校，它拥有极好的声誉。但学校的管理者严格遵守规定，拒绝了洛伦佐的父母想要测试孩子是否准备好上学前班的要求。洛伦佐的父母得到了富有同情心的州议会代表和当地报社记者的帮助，他们都非常愿意揭露公立学校的"荒谬的僵化"。在这一点上，家长和学校的管理者都同意与中立的调解人会面。

在分别与学校的管理者和家长讨论后，调解人了解到，学前班本学期的注册人数比平时要多，这主要是由于有许多社区间的流动，而这种流动是在地区一级得到批准的。她还了解到，洛伦佐的父亲最近下岗了，正打算开一家油漆店，而他的母亲如果再请病假，可能就会失业。

调解人能够帮助重构这种情况，将其视为一种不幸但必要的行动。行动的本质是保护即将入学的学生和教师们不挤在一间人满为患的教室里，而不是拒绝一个孩子或者抨击麻木不仁的官僚们"荒谬的僵化"的现象。此外，她协助将家长的问题重构为请求帮助，而非不合理的要求。在家庭收入急剧下降的情况下，他们无法再多支付一年的托儿费用。作为解决方案，学校管理者提供了全体员工以及与学校相关的许多社区领导的支持，帮助洛伦佐的父母找到负担得起的、高质量的托儿服务。学校管理者为沟通上的失误道歉，并向家长保证，他们非常高兴和自豪能在下一学年招收洛伦佐。洛伦佐的父母告诉议会代表和记者，问题已经得到解决，并为他们给学校造成的困扰而道歉。

重构是一种较为精密和复杂的高阶思维技能，因此它不是一种常见的年幼学习者所具备的思维技能。尽管如此，仍然有一些学生能够在基本水平上进行重构。此外，当教师使用这种技能时，学生们可以学习它是什么，以及它是如何发挥作用的，这是掌握它的过程中重要的第一步。在第九章中有一个例子，展示了一位教师和一名学生在"思维快照：橙色是新的绿色"中的重构。下文中是另一个学生重构的例子，这让他的教师非常吃惊。

思维快照：派对时间到

在春假的前一天，艾哈迈迪先生的三年级学生们正在期待着课程最后半小时计划进行的派对。从一开始上课，学生们就兴奋不安，而刚入职一年的艾哈迈迪先生似乎无法让大家静下心来专心学习。最后，他对学生们说："如果你们再这样，我就要取消派对了！我在黑板上画5个方框，每当有人说他们不应该说的话或没有做他们应该做的事情时，我就会在其中一个方框里画'×'。如果5个方框里都有'×'，那么派对就取消了。"

这种方法似乎只奏效了10分钟，没过多久，5个方框里就都有了"×"。午饭后，一群脾气暴躁的三年级学生回到他们的座位上。不久，乔纳举起了手。"艾哈迈迪先生，因为几个人而毁了我们的派对太不公平了。不能让我们其他人来开派对吗？我们表现得很好。"艾哈迈迪先生回答说："不能，因为那是我设定的条件，无论我们做什么或不做什么，都必须是全班在一起。"乔纳再次举起手。"好吧，但我们不能做点什么，重新获得办派对的机会吗？我们可以做些好的事情来证明我们可以做个好孩子，可以办个派对吗？"艾哈迈迪先生沉默了几秒，说："好吧，我想我们可以试试。我将把计时器设为12分钟。如果每个人都专心做自己的工作，那么我会擦掉其中一个'×'。如果你们成功了，那么我们可以再试12分钟。如果你们能擦掉所有的'×'，那么我们就能开派对了。"最后，他们顺利地开了派对。

乔纳将失败和失望重构为补救和获得胜利的机会。虽然惩罚和奖励并非管理学生行为的最有效策略，但艾哈迈迪先生确实了解到，奖励通常比惩罚更有效。当学生认准了他们想要的奖励时，效果尤其明显，因为他们会有动力去争取它。

生成

生成思维用于产生一个全新的、独特的想法或产品。它是有目的、有意识的想象。头脑风暴是这种思维的一种常见形式，其目标是快速产生许多独特的想法，而不是产生一两个"好"点子。生成想法是问题解决过程的一个重要方面：问题可能是由什么引起的？有哪些可能的解决方案？

当多产的发明家托马斯·爱迪生（Thomas Edison）被问及自己正在开发的一种新型电池，在几个月后仍然没有取得显著的成果时，他回答说："成果！为什么，伙计？我已经取得了很多成果！我知道了几千种行不通的方法。"（Dyer & Martin，1910，p. 616）爱迪生在这些话中传达了两个重要的观点：一个是坚持不懈的价值，如果某件事行不通，那么就想出另一个主意，再试一次；另一个是产生许多解决问题或创造新事物的想法，是过程中正常且必要的一部分。经过两千多次尝试，爱迪生终于找到了一种方法，可以把电能转化为强到足以发出亮光的热能，而且不需要燃烧所有的材料。这一成果就是电灯泡。

教师帮助学生生成想法有两种主要的情况：一种是自发的，另一种是有计划的。当需要解决冲突或紧迫的问题时，学生会自发启动生成思维。有计划的生成思维活动包括：让学生头脑风暴可以实地考察的地点，提出关于主题的观点（已知什么，想知道什么，学到了什么）或对类似活动的想法，提出关于特定主题的项目创意，以及关于物理和科学现象的观点（例如，飞机怎么飞，是什么让风吹起来的，或者太阳在晚上发生了什么）等。对于成人无法准确解释的这些复杂且普遍的现象，教师通过询问学生的想法，可以让学生深入思考，也可以深入了解学生的思维方式。当几个观点不同的学生讨论和辩论谁是"正确的"时，他们的思维技能会受到进一步挑战。当然，这些观点可能都不正确，或者只是部分正确，这就需要教师有更多的参与。

生成好的想法——那些与问题相关的、现实的、积极的、可行的想法——的能力是年幼的学习者需要具备的一种应变技能。教师的作用是给儿童提供许多真实的机会来实践而非评判他们的想法，从而帮助他们在产生好的想法方面变得更加熟练。随着时间的推移，学生们会参加许多由教师主持的关于各种想法的优点的同伴小组讨论，期间他们将了解什么构成了一个好的想法。教师可以通过让学生持续跟进并提出深刻的问题来支持他们的讨论，这也是生成思维的一种示范，比如教师可以问："我们已有的哪些材料可以用于这个项目？我们还需要哪些材料？""实现这个想法有哪些难点？哪些是容易做到的？"

结　　论

这十种高阶思维技能——五种批判性思维技能和五种创造性思维技能——赋予我们质疑假设、超越表面现象（通常有误导性）、做出明智决定、有洞察力、解决复杂问题、创造原创艺术和设计、产生新想法等能力。经过几十年磨炼的高阶思维技能是领导者、改革者、问题解决者、知识分子、艺术家、科学家和一些运动员的工具。之所以职业篮球的主力球星不同于普通的职业篮球运动员（他们都是杰出的运动员），就是因为前者擅长使用高阶思维技能，并且其身体的敏锐度更高。许多主力球星并不比普通运动员更高、更强壮或速度更快；他们只是使用了更多的中阶思维技能和高阶思维技能，并在更高级的水平上使用它们。他们在比赛前会用逻辑思维技能来决定如何利用对方的弱点和对抗他们的优势（特别是对于他们要防守的球员和可能防守他们的球员）。在比赛中，他们会运用创造性思维技能，用意想不到的动作让对手措手不及，用具有策略性的思维预测对手下一步会做什么，试图领先对手一两步——无论是象征含义，还是字面含义上的领先！

虽然不是每个人都能拥有高水平的高阶思维，但几乎每个人都能发展出一整套在生活的各个领域中所必需的有效的高阶思维技能。然而，在典型的学校课程和作业中，高阶思维技能很少被用到，在学生（尤其是低年级学生）中，系统地培养这种技能的机会更少。本章提供了帮助教师解决这个问题的第一步：理解高阶思维的概念和组成部分。

本章的主要观点

- 高阶思维涉及信息和想法的转换，以及新信息和新想法的创造。
- 批判性思维和创造性思维是高阶思维的两种类型。
- 批判性思维技能是解析、评价、推断、转换视角和迁移的能力。
- 解析是一种透过表面现象或明显现象寻找更深刻、更真实、更准确的意义的能力。
- 评价包括将一个行为或项目与标准联系起来并加以区分。例如，学生的写作有五个标准：使用正确的拼写，使用正确的语法，使用正确的标点，清楚地表达思想或想法，以及有逻辑地组织内容。它可以形成判断的基础：论文写得很好，并得到了"A"。但是，评价可以提供有用信息，而不进行判断。
- 推断是从部分的或不明确的信息、间接相关或关系模糊的信息中洞察的能力。
- 转换视角包括转换人际视角和物理视角。它是从另一个人的角度看待事物和从不同的角度想象物体或空间的能力。
- 迁移是指从一种语境中获得一个想法，并成功地应用到不同的语境中。
- 创造性思维技能是想象、解释/综合、归纳/理论化、重构和生成的能力。
- 想象是其他创造性思维技能的重要组成部分。想象力丰富的儿童需要很多渠道来表现自己的创造力。
- 解释/综合需要把已知的东西变成独有的。这是一种创造性思维技能，因为有近乎无限的方式可以解释和综合某些东西，如解释和综合一段音乐、一篇复杂的文本（如宪法），或一所房屋的设计。
- 归纳/理论化包括将现有信息以独特的方式组合起来，形成一个新的观点或对一个概念有更深层次的理解。达尔文经过多年对世界各地的野生动物的系统观察，揭示了进化的概念。
- 重构是一种观念上的改变，例如对一个想法产生与之前不同的理解。在与社会工作者进行长时间的坦诚交流后，教师重构了自己对学生的看法——

从被要求到主动挑战，从需要纪律教育到需要支持。
- 生成是最容易与创造力和发明联系在一起的思维技能。它可以像头脑风暴一样迅速而浅层次地完成，也可以像写小说一样审慎而深刻地完成。

讨论

- 哪些高阶思维技能是你特别擅长的，哪些是你觉得具有挑战性的？为什么？
- 你是否发现一些学生在早期阶段表现出擅长一种或多种高阶思维技能的迹象？他们如何表现，你又如何回应？
- 在"思维快照：派对时间到"中，管理一群兴奋的学生的策略被重构——从惩罚不良行为到奖励良好行为。还有什么方式可以重构它呢？
- 解析是一种越来越重要的高阶思维技能，因为信息过载使区分什么是重要的、什么是琐碎的、什么是真实的和什么是虚构的变得越来越困难。你的学生面临哪些需要解析来有效处理的挑战？年幼的学习者如何开始发展或提高他们的解析能力？

第五章　关键思维过程
——简单的任务，复杂的思考

选择/决策、解决问题、制订计划/制定策略以及分析，是四个关键的思维过程，各个思维过程的展开都伴随各种低阶、中阶、高阶思维技能的运用。这四个思维过程涵盖了我们在日常生活中的绝大多数心理活动，它们可以是快速的或有序的，并且每一个思维过程都存在从非常基础到非常高级的内部水平分异。年幼的学习者们正在逐步发展构成这些思维过程的思维技能，并逐渐学习更有意识地投入思维活动。教师可以通过命名他们和儿童共同参与的思维过程（以及所涉及的思维技能）来协助和支持儿童的努力，并通过解释过程中涉及的思维步骤来指导儿童完成这些步骤。

通常来说，这些思维过程并不是面向年幼学习者的课程的重要组成部分。即便它们作为课程重点而存在，所涉及的活动也往往较多调用儿童的低阶、中阶思维技能，只是偶尔需要一些基础水平的高阶思维技能的参与。不过，当代表儿童最高思维水平的一系列批判性思维技能和创造性思维技能被用于解决问题、决策、制订计划和分析时，思维过程的推进将会更加深入和彻底，思维结果也将更加高效、有力。由此观之，教师有责任开发相应的活动，引导儿童在四个关键的思维过程中运用、发展高阶思维技能。本章提供了该类活动的示范样例。

选择 / 决策

在做出选择或决策时，我们需要调用识别技能（一种低阶思维技能）以及部分或全部的逻辑思维技能（中阶思维技能）。极其复杂的选择要求我们具备高级的批判性思维技能（尤其是评价技能）。判断是基于评价做出的一种特殊的决策：有罪还是无罪？成绩是 A 等级还是 B+ 等级？好评还是差评？

选择是一种简单的、简略的决策形式。选择和决策之间差异微小，界限模糊。在一般的使用习惯中，这两个词语可以互相替换：选择生活伴侣并不简单，做出穿什么的决策并不复杂——至少不应如此！为了帮助读者更好地理解在教与学情境下的决策，本书将"选择"定义为"决策"的一种类型，它需要考虑的因素（变量）很少，结果也不是很重要。毕竟当飞机乘务员以"对不起，我们刚刚用完了鸡肉原料"，来告知你选择鸡肉而非牛肉的订餐请求就此"泡汤"时，这的确称不上是一种悲剧。（不过，至于为什么总会得到这一回应始终是一个不解之谜！）

相比之下，考虑到众多需要考量的可变因素（有些相当复杂）及其结果的重要意义，决策被视为一个理应更加正式、更为客观的思维过程。有时，一个精心做出的决策会出人意料地以失败告终；有时，幸运之人匆忙做出的仓促决策却能取得不错的结果。但在大多数情况下，一个经过深思熟虑的决策之所以会朝着不好的走向发展，其原因往往与它所依托的不完整、不准确的信息基础，或者一些不可预知事件的发生息息相关，而不代表思维过程本身存在缺陷。当然，总想依靠运气从来不是一个好主意。

因此，决策应该以所能获得的最佳证据和信息来源为基础，对各项选择及其利弊、决策的潜在结果（建立因果关系）加以仔细评估。即使在做出最为审慎的决策时，也应做好这一决策可能存在错误、将来在条件允许的情况下或许需要中途对其修正的心理准备。

做出良好的决策是取得学业成就、收获成功人生的关键要素；对于年龄较大的学习者而言，在任何一天决定是否、何时以及花费多长时间在玩电子游戏、练习大提琴、在社区里打篮球、学习、看电影或读一本书等事务上，并不会让他们觉得意义重大，但是，在几年内做出这些日常决策的影响将是巨大的。儿童时期的良好决策为不久后的成年时期的良好决策奠定了基础，这些非常重要的决策包括：选择希望从事的事业、选择居住地点，以及选择结婚对象等。给予年幼的学习者们更多的机会去做出合理、适龄的选择，是发展他们的决策技能的绝佳方式。第九章中关于"选择"的内容，集中探讨了促进各级各类决策技能发展的观点。在儿童的一日生活中，有许多自然而然的机会可供他们做出选择、练习决策。无奈受制于事务繁多，教师有时会因其耗费时间太长，而难以充分利用这些发展学生决策技能的潜在契机。有许多方法能够帮助我们将更为正式的决策情境建立在对时间、资源要求不高的规定性课程活动之内。学生需要获得机会和支持来练习在决策过程中运用高阶思维技能。

此外，发展以小组为单位的集体决策技能也十分重要。下文呈现了一个引导年幼的学习者通过投票的方式练习集体决策的认知活动。它是第四章中"绘制地图"的认知活动的延续。

认知活动：选出最佳地图

在各个小组的内部，每名学生依次站起来并简要说明为什么自己的地图是最好的。对于部分学生，教师可能需要给他们一些提示，并向他们提出一些问题，或者根据他们在地图绘制初期所制定的标准，对地图的质量做出一些评论。紧接着，每个小组的成员依次起立。当一个小组站起来时，其余坐着的学生可以举手为该组的地图投票，或者选择留着这一票，之后投给其他小组。这一环节确保了他们不能为自己的地图投票。为了防止多次投票，教师会在学生完成投票后，随即在他们的掌心上粘贴一个圆点贴纸。这样一来，教师可以轻易地察觉到一个学生是否进行了二次投票（当然，这应该是他的无意之举）。随后，教师统计票数，获胜的小组获得赞赏和掌声。然后，教师会邀请一些不属于获胜组但投票给该组的学生，说一说为什么这张地图是一张好地图，并让获胜组的学生回答一些有关制作过程和地图的提问。获胜组的地图将被张贴在墙上，或者被归入一个有关制图或决策的文档展示区域中。

对于学龄前儿童或其他难以进行投票的学生群体，可以适当压缩讨论环节，转由教师主导或直接删去这一部分。此外，避免多次投票的策略可以制定得更加具体，比如要求学生在投票后双臂交叠或拿起一本书等。

解 决 问 题

无论问题简单还是复杂，有效的问题解决都涉及按照相同顺序调用同一套思维技能。

- 步骤一：识别（一种低阶思维技能）问题，并尽可能多地找出与之相关的背景及原因。
- 步骤二：检查信息，对引发问题的可能原因（建立因果关系——一种中阶思维技能）做出推论（一种中阶思维技能）。
- 步骤三：生成可能的解决方案（一种高阶的创造性思维技能）。
- 步骤四：确定构成良好解决方案的标准（描述——一种中阶思维技能）。
- 步骤五：根据标准评价各个解决方案的优点（一种高阶的批判性思维技能）。
- 步骤六：根据结果评价所选方案的有效性。如果问题得到解决，那么从中获得的经验可在将来应用到相似的问题上（迁移——一种高阶的批判性思维技能）。
- 步骤七：如果问题部分解决、未被解决或者变得更糟，那么需要重新开始问题解决过程。

当然，这是问题解决过程中通用的步骤。七个步骤中的每一步都能够被拆分为许多子任务。有些步骤可能相当困难和耗时，尤其是第一步（精准而全面地获取问题的相关信息）至关重要。[有关更加彻底地教会幼儿进行问题解决的教师引导方案，请参阅《幼儿园班级管理问题预防与应对》（*Practical Solutions to Practically Every Problem: The Survival Guide for Early Childhood Professionals*，Saifer，2017）。]

客户服务人员、技术支持人员以及咨询顾问会在工作中广泛应用问题解决思维。当我们就一个计算机的问题来寻求客户服务人员或技术支持人员的帮助时，她首先会询问一系列的问题以识别问题（步骤一）。紧接着，她会继续完成接下来的四个步骤以解决问题。不幸的是，到了问题解决的步骤六和步骤七，她早已全身而退。当问题在三天后再度出现时，希望计算机还在保修期限之内吧！

纠纷处置是一种典型的问题解决。由于学生之间的矛盾冲突十分常见，因此教师有很多机会来发展学生的问题解决技能。教师不应将冲突视为使人心烦意乱的事件或需要学生自己解决的问题，而应将其看作教与学的良好契机。

教师经常参与问题解决的过程、处理不同类型的问题是发展学生高阶思维技能的关键教学策略，因为在这期间多种思维技能将被调用。教师提出的问题可以像"我们如何公平地决定谁先出发？"一样小而容易，也可以像"为使来自北非的新家庭和到我们的学校里来学习的北非孩子感到受欢迎，我们能做些什么？"一样大而复杂。第九章中的"思维快照：让水流进去"是教师帮助学龄前儿童解决问题的一个例子。

制订计划/制定策略

计划是策略的一种基本形式，策略是一种更具目的性且更为复杂的计划。制定策略意味着计划实现某个特定目标或对他人的行为做出回应。与制定策略相比，制订计划的思维过程更多地调用低阶思维技能（组织和识别），以及逻辑思维技能（权衡优先级的排序技能），而非概念性的高阶思维技能。

制订计划

人们常常定期制订计划,尽管这些计划有时并不像它们本应做到的那样对当前任务起到良好的成效。虽然在没有购物清单的情况下直接前往超市,几乎总是一个错误,但仅有44%的购物者会携带购物清单(Food Marketing Institute,2016)。制订的计划既包括学生的计划,也包括教师的计划。当教师将他们对计划的思考落实于口头表达并邀请学生参与其中时,学生会从中学到很多东西。这一过程可以是非正式的,也可以是正式的。例如,当一位教师谈论起他对一次实地考察的计划时,他可以征求学生的想法,并邀请他们在整个计划的制订过程中提出反馈,这一过程可能会持续几天。计划一些像实地考察一样复杂的事情,需要调用许多高阶思维技能:思考去哪里、对各项选择加以评价、计算花销以及耗时。当然,其中还有做出决策的思维过程。在与学生一起制订计划时,对思维技能进行命名有助于使这些技能变得外显和明确:"让我们更多地调动高阶思维,生成更多的想法吧!"

解释计划的非正式机会通常会自然且自发地出现。埃玛老师在幼儿园里的晨间会谈中向班级里的幼儿说了如下的话:

昨天,我们制订了今天去公园散步的计划,但是现在外面风雨交加。考虑到这一情况,我认为我们应该更改我们的计划。我想到以下三个替代方案:缩短散步路程,重新安排散步时间,或者在缩短散步路程的同时重新安排散步时间。有哪名小朋友想到了其他的解决方法?让我们评价不同的选择,并做出一个集体决策吧!

学生同样有许多自然的机会去做出计划,但这一过程往往离不开教师的经常性引导和协助。幼儿园和学前班教师可以在每天早晨带领孩子们回顾每日安排,并对与计划存在偏差的部分加以讨论。幼儿园教师可以对幼儿提出"你计划在美工区做些什么?""对于春季假期,你有什么规划?"等问题。二、三年级的学生开始发展出一些基本的制订计划的技能,教师可以通过向学生提出"你计划如何完成周五前要交的项目？""假如我们需要筹集资金去购买更多的台式计算机，你有什么计划？"等问题，为学生磨炼处于萌芽阶段的自我规划技能提供帮助。

制定策略

制定策略涉及：相对高级的低阶思维技能——识别；中阶思维技能——排序（权衡优先顺序）和建立因果关系；高阶思维技能——评价、推断、想象与生成；以及决策的思维过程。

在 1964 年，林登·约翰逊（Lyndon Johnson）总统成功说服国会批准并资助"开端计划"（Head Start）的事件就是制定策略的良好例证。林登·约翰逊在当上总统不久后［前总统约翰·F. 肯尼迪（John F. Kennedy）遇刺后］，发动了"向贫困宣战"（a War on Poverty）的系列行动，"开端计划"被视为实现这一目标的关键一环。它只是众多反贫困立法中的一个项目，为包括组建美国志愿服务队在内的许多新项目提供资金支持。在那些日子里，任何一方的政客都将因反对一项资助贫困家庭幼儿的计划而受到批评。这些幼儿与他们的父母不同，他们被视为"注定贫穷的人"，因为他们处于自己无力控制的境况之中。约翰逊原以为这会使众议院和参议院的许多议员难以对"开端计划"提出反对意见，可事实上，大多数人都反对这一提案。一个战略性的举措是让"开端计划"保持相对低调的发展状态。"开端计划"始于一个仅面向各州最贫困县域的为期八周的夏季半日项目，足够低廉的资助花销转移了反对意见。第一夫人伯德·约翰逊（Bird Johnson）是一个极具说服力、发言轻柔优雅的演说家，在推进"开端计划"的游说中扮演了重要的引领角色。她为丈夫粗野暴躁、不留情面的游说提供了一种睿智的战略性反差。这些仅是约翰逊总统为实现"开端计划"而制定的部分策略。

在竞争情境下制定策略的本质是想在对手的前面。约翰逊总统能够通过确定他人的想法和感受（推断、转换视角）来预测反对意见的主要观点（归纳），以及反对派可能支持的活动和想法。然后，他利用这些信息开发了一个他们难以反对的项目和流程（生成、评价），并将其嵌入不太受关注的项目中，从而向前推进他的反贫困议程。

年幼的学习者们能够制定策略吗？答案是肯定的，而且幼儿制定策略的频繁程度往往超乎成人的预料。然而，他们较难提前一两个步骤制定策略，或针对他人的策略展开反策略思考。比起有意为之，幼儿制定策略更偏向于一种反应性行为。举例而言，在课间休息时，操场上的一群学生拒绝和5岁的卢卡一起玩。卢卡计划第二天从家里带来一个他认为其他小朋友想玩的玩具，从而让大家接纳他。他选择了一个刚好可以装进口袋的玩具，这样他能够不引人注目地等待休息时间的到来。尽管卢卡有能力为实现自己的目标而制定两种策略，但是他还不能想得足够远——考虑这个玩具对他的伙伴来说没有足够的吸引力，或操场管理员会把他抓住并对他提出批评等可能存在的其他情况。比起学习情境，儿童在社会情境和人际交往情境中会更普遍地制定策略，这在很大程度上归因于只有极少的学校活动会专门对制定策略提出要求。在社会情境之外，年幼的学习者制定策略的思维技能倾向于退居棋类游戏和一些电子游戏之中。遗憾的是，制定策略的思维技能和其他思维技能在这些游戏中的发展，似乎并不会迁移到学习和智力活动中（Burgoyne et al.，2016；Sala & Gobet，2016）。

分　　析

分析，又称批判性分析，指为了对某一对象（如事件、概念、理论、文本或艺术作品等）形成全面认知而对其进行深入审查的思维过程。分析会引发对这一对象的解释或评价。有时，分析的目标是获得准确的信息，以便以某种方式改进它。分析涉及对多种高阶思维技能和一些低阶思维技能的调用。

以撰写电影评论为例，评论家们会识别情节要素，并对其加以描述（低阶思维技能）。他们评价（一种批判性思维技能）与电影相关的许多要素，例如评价故事的质量、演技水平以及摄影技术等。评价的标准可能是在这些要素上完成得十分出色的其他电影，也可能是评论家们的个人偏好。在有些情况下，评论家们需要推断（一种批判性思维技能）编剧或导演的意图。他们会确保自己所做出的评价或个人看法有合理的理由支撑（联想/辨别以及建立因果关系）。有时，评论家们会对导演意图之外或对部分观众而言表现得并不明显的电影内涵加以解析（一种批判性思维技能）。他们的观点可能是积极的，也可能是消极的。一部与其他电影相似的电影作品可能是衍生或非原创的，可能被视作对同类作品充满爱意的致敬，也可能被看成一次具有创造性的改编。评论家们将所有的信息进行综合（一种创造性思维技能）并做出一个最终的决断：好评还是差评？

除了电影评论家，散文家、专栏作家、电视评论员、研究人员、学者、书评人、律师和法官以及其他专业人士也广泛使用批判性分析。有时分析是以一种非常有趣和尖锐的方式来完成的，就像二十世纪初的作家亨利·路易斯·门肯（H. L. Mencken）和威尔·罗杰斯（Will Rogers），以及比尔·马赫（Bill Maher）和斯蒂芬·科尔伯特（Stephen Colbert）等当代评论家所做的一样。

在批判性分析之外，还有其他类型的分析：系统分析、社会文化分析、行为分析、结构分析、内容分析以及数据分析等。自我分析通常被称为批判性反思。虽然反思（再现、复述）是一种低阶思维技能，但批判性反思与其他形式的分析一样，都涉及对高阶思维技能的调用。批判性反思是对被回忆的事件或行为的自我分析。对于年幼的学习者，批判性反思主要需要他们对引发自身感受、意见或行为的原因予以探索。他们的批判性反思可能包括：尝试确定害怕黑暗的原因、思考为什么他们在沙箱中建造的桥梁会不断坍塌等。对于年龄较大的学生来说，这可能涉及尝试确定自己为什么喜欢一本书。

下文中的思维快照提供了一个以批判性反思的形式进行分析的例子。这位教师试图帮助他的学生在回答关于"为什么"的提问时展开基本的批判性反思。这个思维快照中的两个批判性反思案例反映了教师的分析思维处于高级水平，而学生的分析思维正处于萌芽阶段。

思维快照：为什么难以解释为什么

幼儿园的一日生活临近结束，奥尔蒂斯先生要求幼儿回想他们在白天所做的一切。然后，他邀请几个孩子说出他们最喜欢的活动[复述（一种低阶思维技能）和评价（一种基础水平的高阶思维技能）]。这几乎是所有儿童都擅长的事情。但是，当他问"你为什么喜欢这个活动？"时，这是一个需要调用更高水平的批判性思维和一些创造性思维（归纳/理论化）的问题，所得到的回答却寥寥无几。即便有几个零星的答案，也是简短、含糊、泛泛而谈的。尽管奥尔蒂斯先生知道幼儿的分析能力正处于初级萌芽阶段，但他仍想学习支持和培养其发展的方法。

幸运的是，奥尔蒂斯先生具有较强的批判性分析能力。在当天的晚些时候，他思考了为什么他们班的孩子在表达自己的选择原因时会遇到如此多的困难（转换视角）。他从一篇关于批判性反思的文章中获得启发：要想表达喜欢某一活动的原因，应该以能够仔细和彻底地回顾所发生的事情的能力为基础。可他仅仅要求幼儿说出活动的名字——"去健身房"或"看关于行星的电影"。由此，奥尔蒂斯先生产生了一个想法，他认为自己应该通过要求幼儿描述活动来为其思维过程搭建支架，并在必要时放慢速度，以提问和简短讨论的方式扩展他们的描述。他要停止对"为什么"的直接发问，转而引导幼儿在能力范围内描述尽可能多的活动细节。（这是说明如何帮助学生在更高级的水平上使用低阶思维技能，从而为高阶思维技能的发展奠定基础的例子。）在实践这个想法的过程中，他发现自己通常可以通过幼儿选择重点描述的内容及其语气和肢体语言的变化（转换视角）来确定他们为什么喜欢这项活动。在持续几个星期的事件详细描述练习中，奥尔蒂斯先生帮助幼儿识别描述中能够表明或推断（一种高阶思维技能）其喜欢某一活动的原因的相关要素。此后，幼儿在活动分享中有些许进步，但比起他们对活动的描述，幼儿对"你为什么喜欢这个活动？"的回答仍然简短、粗浅，缺乏细节与表现力。

当他人（特别是具有专业知识和较强批判性思维技能的人）的观点被纳入考量时，分析的思维过程往往更有效。所谓当局者迷，批判性反思有其局限性。奥尔蒂斯先生向一位更有经验的同事埃琳娜分享了他的故事，并邀请她到班级里进行课堂观察。埃琳娜发现幼儿缺乏诸如满意、改进、胜任、理解、满足、兴奋、着迷、独特、自豪或有意义等用于描述复杂或微妙感受的词汇（或者说，他们也许不知道如何在这一情境下使用这些词汇）。她建议奥尔蒂斯先生为幼儿提供一些引子，比如："我喜欢这个活动，因为它给了我……""我喜欢这个活动，因为我能够……""我喜欢这个活动，因为它最……"她还建议奥尔蒂斯先生参与分享环节，为幼儿进行词汇示范，经常性地在分享环节的结尾描述自己最喜欢的活动并解释喜欢的原因。奥尔蒂斯先生在两个月的时间里慢慢地采用了这些策略。此后，超过一半的幼儿能够用对他们这一年龄的儿童来说相当清楚明了、逻辑清晰、细节丰富的方式来解释为什么他们喜欢某样东西。

奥尔蒂斯先生的坚持令人钦佩。他理应为自己的劳动成果感到自豪，尽管他的成功在某种程度上也要归功于幼儿在五六岁时迅速成熟的言语技能。

结　　论

下列因素适用于四个关键的思维过程，并且有助于确保高阶思维技能在各个思维过程中的运用。

- 制订计划、做出决策、解决问题以及分析所依据的信息是彼此相关、不偏不倚、完整而准确的。教师需要根据造成问题的不同原因，采取不同的策略来帮助正在努力学习阅读的学生。这些原因包括：存在学习障碍、弱视未被矫正、注意力难以集中、缺乏练习机会、没有做好发展准备，以及各种因素的共同作用。
- 思维过程的目标应该是明确而真实的。仅靠一次微不足道的分析或一个空洞的学术练习,并不能激发学生充分发挥其高阶思维技能的潜力,因而不能促进他们的发展。
- 正如完美是优秀的敌人一样,惯例也是卓越的敌人。教师不能指望学生用(对他们来说)先进的高阶思维进行自我挑战,或寄希望于学生在被要求解决微不足道的问题、做出无聊的决定时努力追求卓越。
- 思维过程发生在教和学的活动中。错误并非问题,而是学习的机会。

四个关键的思维过程涵盖了我们在日常生活中的绝大多数思维活动。它们很常见,也很重要。由于高阶思维技能并未得到应有的运用,这些思维过程往往没能被高效地完成。在学校里,我们可以借助于调用各类思维过程的任务来教授学习内容,如此一来,既能为学生提供练习和磨炼思维过程的机会,又能为教师培养学生有效地发展自身的思维技能创造丰富的契机。不妨做如下设想:假如我们的思维过程能够经历从幼儿园到高中的系统培养,那么我们在做出艰难的决定、解决棘手问题时将有怎样更为出色的表现?我们的计划和策略会变得多么迅速而高效?有了分析复杂信息的能力,我们会变得多么有见识和智慧呢?

本章的主要观点
- 四个关键的思维过程包括:选择/决策,解决问题,制订计划/制定策略以及分析。
- 思维过程的展开涉及对一系列低阶、中阶思维技能的调用,在做得好的时候伴随着高阶思维技能的使用。在常规的课程活动中,不常涉及高阶思维技能,对于年幼的学习者而言尤其如此。然而,当批判性思维技能和创造性思维技能被运用到思维过程中时,各个思维过程的发展将更加充分和有效。
- 选择/决策:做出良好的决策是取得学业成就、收获成功人生的重要技能。它既包括个人的决策,也包括集体的决策。学生需要获得许多练习做出各种决策的机会,并获得在决策过程中调用高阶思维技能的帮助。
- 解决问题:许多问题都能采用一套相似的问题解决模式加以解决,这一系列问题解决的步骤始于收集信息,进于生成问题解决的想法,终于评价所选解决方案的效果。教师可以向学生提出多种多样的问题供其解决,包括自然形成的问题(如社交矛盾),以及与课程相关的问题(如在第四章的"思维快照:让你的船浮起来"中,有关如何制作一艘承载一颗石头后仍能保持漂浮的小船的问题)。
- 制订计划/制定策略:学生可以在教师明确表达他们的计划以及制订计划的过程中获益良多。制定策略是一种更具目的性且更复杂的计划形式,也意味着计划获得某一特定结果。年幼的学习者具备基础水平的制定策略的能力,但这一过程往往出于直觉而非有意为之,并且常常只包括一两个步骤。
- 分析:分析是为了更好地认识某一对象而对其加以细致和系统考察的思维过程。有时,分析出于一定的目的,例如评价一部电影、调查一个流言,或者决定一本书是否适合二年级学生阅读等。批判性反思是自我分析的一种形式,指为了理解自身行为或行动而回忆、考察所有事件的过程。通常这一思维过程强调的是为了在将来表现得更加高效而在现阶段做出改进。
- 学生需要获得在各个思维过程中练习运用高阶思维技能的多种机会。

讨论

- 回忆你所做出的一个好的决策和一个坏的决策。批判性地反思影响决策好坏的因素。你能从这些反思中得到什么经验,以帮助学生学习如何做出良好的决策?
- 你的学生常常面临哪些问题?你用哪些以课程为基础的问题来挑战他们?以其中的一个问题为例,确定它是否调用了学生的高阶思维技能。它调用了哪些高阶思维技能?哪一水平的挑战和学生的能力相符合?如何改进活动,以调用更多的高阶思维技能或更高级的高阶思维技能?

- 许多棋类游戏和电子游戏的获胜都离不开策略的制定。制定策略要求我们提前思考两三个步骤（归纳、推断），并预测对手可能采取的下一步行动（转换视角）。有哪些基于课程的活动方法可以促进上述高阶思维技能和思维过程的发展？如何改进（或创造）棋类游戏，使其兼具一定的教育内容，同时对学生的策略制定有所挑战？
- 在本章的"思维快照：为什么难以解释为什么"中，教师支架幼儿提升批判性反思（一种分析）和阐明自身感受的原因的能力。他给幼儿提示，帮助他们学习词汇，并示范如何阐明原因。为了帮助幼儿批判性地进行自我反思，这位教师还能使用哪些策略？如何使用这些策略来帮助学生分析故事和事件？

第六章　高阶思维技能的重要性和功能
——更多创新，更少模仿

在本章中，我主要想说明的是儿童的思维方式与成人并无太大区别，某些高阶思维技能是人类与生俱来的，甚至可以在语前婴儿的行为中看到。这些观点对我们如何抚养和教育儿童具有重要意义。直到最近，我们才认识到非常年幼的儿童，甚至是婴儿，已经能够运用高阶思维技能，只是我们尚未重视如何识别、提供机会，以帮助幼儿表达和发展高阶思维技能。

要求学生使用高阶思维技能的活动和任务，能够培养其灵活、深入和清晰地思考的能力，这些能力是他们在学业和生活中取得成功所必需的。了解多种批判性、创造性和逻辑性思考的方式，对于学习复杂内容和处理新信息是必要的。根据发展心理学家艾莉森·高普尼克（Alison Gopnik，2016b）的说法，强调创造力的新教学形式需要确保学生们为信息时代做好充分的准备：

> 研究表明，显性教学……可能会造成限制。当孩子们认为自己正在接受教育时，他们更有可能只是简单地复制成人所做的事情，而不是创造新的东西……因此，与学校一起诞生的传统教学……促使孩子们趋于模仿，远离创新……但新的信息经济与过去的工业经济相反，更需要创新和创造力，而非模仿和从众。

为什么我们需要少量的低阶思维教学和大量的高阶思维教学

在学校里，占主导地位的低阶思维教学方法并不见效。只有37%的高三学生精通或擅长阅读，在数学层面上这个数字为25%，在科学层面上则为22%（National Center for Education Statistics，2016）。大多数的美国初中生和高中生无法分辨真新闻和假新闻，也无法分辨有赞助、有偏见的信息来源和中立、可靠的信息来源（Wineburg et al.，2016）。

低阶思维教学方法在幼儿园中也占主导地位。口碑好的、环境有吸引力的、教师有爱心的、小班化授课的、混龄编班的和提供丰富材料的学前教育项目并不罕见，但这些项目中几乎所有的师幼对话都是简单化的。在一次开放式的小组活动中，教师每次从袋子里取出一种蔬菜，并要求学生给这种蔬菜命名。她为自己拿着真的蔬菜而感到自豪，其中的一些蔬菜还取自班级学生最近参观过的农场。她觉得很成功，因为学生们都参与了活动。但是，她只是一遍又一遍地问同一个问题："这是什么蔬菜？"她错过了很多提升儿童高阶思维技能的机会。活动一开始，教师从袋子里掏出一个青椒，大多数孩子叫喊着回答道："辣椒！"过后，教师从袋子里掏出一根长长的红辣椒，然后大多数孩子又喊道："辣椒！"这时，她本可以同时展示这两种辣椒，并提问："你怎么知道这两种看起来截然不同的蔬菜都是辣椒？""它们有什么不同，又有什么相同？""你有没有见过另一种看起来与这两种辣椒都不同的辣椒？""它是什么样子的？"这些问题中的任何一个问题无疑都会引发一场简短的讨论，教师可以在讨论中帮助孩子们练习他们的高阶思维和逻辑思维技能。

低阶思维教学方法实际上可能会干扰高阶思维技能的发展，阻碍思维灵活性的发展。例如，当只教给学生解决数学问题的运算法则（如借位和进位），而且她几乎总能得到正确答案时，她几乎没什么动力去学习这些运算法则的运作原理，或者寻找其他解题的方法。由于她总能算对，她的老师可能会觉得没必要教她运算法则以外的东西。但是，如果没有那些使用高阶思维教学方法时才能产生的理解，那么学生在遇到其他问题情境、进行心算或者问题以不熟悉的形式呈现时，将无法应用自己学过的知识（迁移思维）。

有效地使用一系列高阶思维技能，使学生的思维具有灵活性。对给定主题有透彻的理解，并拥有迁移思维和其他高阶思维技能后，学生可以将学到的知识应用于各种情况、情境和内容领域。我们现在知道，年幼的学习者具有运用复杂方式思考的能力（Robson，2012；Siegler & Alibali，2005）。我们也知道，与只关注基本技能相比，当教师有意识地培养学生的高阶思维技能时，学生能够更好地学习基本的学术技能和知识。这一点适用于所有的年龄和年级、残疾以及来自低收入家庭的学生（Higgins et al.，2005）。不幸的是，残疾学生和来自低收入家庭的学生与正常发展的和富裕的同龄人相比，少了很多学习高阶思维技能的可能性（Noguera, Darling-Hammond, & Friedlaender，2015；Pianta et al.，2007）。

关于儿童思维的新思考

我们中的许多人在关于儿童发展的课程中学到，幼儿、年龄较大的儿童、青少年和成人的思维截然不同。我们了解到，思维的发展是阶段性的，每个阶段都代表着一个人的思维技能在性质、质量和准确性上的重大转变。但是，思维的发展，尤其是高阶思维的发展，更像是一个连续体，而非一连串不同的状态。它更像是从一楼坐电梯到顶层，而不是爬楼梯，然后要在每层的拐角处休息一下。与年龄相关的思维差异是由于人们所拥有的经验数量不同，以及大脑保存、检索、调节和处理信息的能力不断增强（到老年阶段，大多数人的思维能力会逐步下降）。

显然，幼儿有许多错误概念，并且经常使用错误的逻辑，但很多成人也存在这样的情况。诺贝尔经济学奖获得者丹尼尔·卡尼曼撰写了《思考，快与慢》（*Thinking, Fast and Slow*, Daniel Kahneman，2011），解释了成人的许多思维方式常常是有偏见的、扭曲的和错误的。例如，有认知能力的成人不会购买彩票，因为中奖的机会几乎为零（想要向彩票基金捐款是唯一可以为这种行为辩护的理由）。对于跨州彩票，中奖的概率约为 1 : 250000000 或 0.000000004，然而在 2014 年，居住在 43 个州的近一半的美国人会多次购买彩票，每个人平均花费 300 美元，总计达 700 亿美元（Thomson，2015）。

正如儿童和成人在错误思维上有一些令人遗憾的相似之处，他们在高阶思维上也有一些令人庆幸的相似之处。对于成人拥有的所有类型的高阶思维技能，即使是从理论物理学家到诗人等最超前的思想家使用的那些思维技能，非常年幼的孩子也拥有，尽管它们有时会以一种简单、脆弱和意外的形式存在。

认知心理学家丹尼尔·威林厄姆（Daniel Willingham，2007，p. 10）写道："批判性思维技能不是在任何时间、任何背景下都可以施展的一套技能。这是一种即使是3岁幼儿也可能参与其中，即使是受过训练的科学家也可能失败的思维。另外，它在很大程度上依赖领域知识和实践。"3岁幼儿的领域（内容）知识是什么？它包括语言领域中非常基础的知识，以及通过观察、倾听、实验和试错快速发展的词汇、正确的语法和句法。3岁幼儿也在发展社会关系领域的知识，并开始与其他幼儿进行合作游戏。在物理学领域，他们正在提高对物体物理属性的理解能力，例如认识物体的形状、重量、硬度、脆性等。所以，一个3岁幼儿和一个科学家的活动并没有什么不同，他们都会有意地使用批判性思维技能，通过观察和实验获得新知识，并建立在其已经掌握的知识的基础上，二者的区别仅在于知识内容的复杂和成熟程度。

丹尼尔·卡尼曼（2011，p. 11）将高级专家的卓越的、闪电般快速的思维称为专家直觉，并将其等同于幼儿学习说话的思维。

当一名2岁儿童看着一只狗说"狗狗"时，我们并不感到惊讶，因为我们已经习惯了孩子们学习识别和命名事物的奇迹……专家直觉的奇迹具有相同的特征。当专家学会在新情况下识别熟悉的要素，并以适合它的方式行事时，就会产生有效的直觉。良好的直觉判断与说出"狗狗"一样直接！

卡尼曼断言，专家直觉就像幼儿园教师知道如何安抚一个马上要把积木扔出去的愤怒孩子一样，实际上这根本不是直觉。这些专家并没有意识到，自己即刻调用了自身多年的经验和庞大的知识库。幼儿的思维和专家的思维之间的区别仅在于他们处理信息的数量和复杂程度。幼儿的语言发展尽管更加常见，但其与专家的敏锐判断一样"神奇",因为两者都需要快速运用高阶思维技能来完成一项非常复杂的心理任务。

这个例子说明,虽然学说一门语言需要高阶思维技能,但大多数语言一旦掌握,就只需要简单、自动化的复述这一低阶思维技能。这只是一个例子,说明为了完成相同的任务,非常年幼的儿童需要使用高阶思维技能,而年龄较大的儿童和成人则只需要使用低阶思维技能。相比于学着做某件新的、复杂的事,已经完全学会这件事后再做这件事,往往需要更少的有意注意和意志上的努力。还记得你第一次在高速公路上开车时的感觉和想法吗?将其与你现在在高速公路上开车时的感觉和想法比较一下吧。

关于婴儿思维的新思考

一直以来,人们都认为使用高阶思维技能远远超出了婴儿的能力,直到最近,人们才发现语前婴儿也能够运用高阶思维技能。对此,耶鲁大学婴儿认知中心的研究人员对语前婴儿(有些只有3个月大)进行了巧妙的实验,并给出了令人信服的证据。在实验中,这些婴儿有能力做出道德判断,并表现出积极的社会行为。研究者向婴儿展示两个手偶,其中一个手偶帮助另一个手偶打开盒盖,而另一个手偶则盖上盒盖,结果发现,约80%的婴儿表现出更喜欢第一个手偶(Hamlin, Wynn, & Bloom, 2007)。随后的实验确定,大多数8个月大的婴儿可以做出简单的推断(Hamlin, Newman, & Wynn, 2009),10—12个月大的婴儿偏爱与自己相似的玩偶(如它与自己有相同的食物偏好),讨厌与自己不相似的玩偶(如它与自己有不同的食物偏好)(Mahajan & Wynn, 2012)。

很久以来我们就知道,我们的大脑从出生开始就具备(有内在的能力和偏好)发展语言(Chomsky, 1965)和理解数学基础的能力——近似数量系统(Dehaene, 2011; Feigenson, Dehaene, & Spelke, 2004)。然而,现在看来,我们在做出道德判断、进行推论、持有某些偏见方面也有天生的倾向性。毫无疑问,还有更多尚未确定的方面。耶鲁大学的研究中的婴儿无法展示出许多低阶思维技能(例如复述和听从指示),但他们可以展示出一系列的高阶思维技能。可能在几年后，我们才会期望这些小婴儿命名各种颜色，但这些实验表明，他们已经可以区分不同颜色，并赋予它们特定的品质："好的"和"坏的"玩偶除了衣服颜色外完全相同。

运用高阶思维规避思维错误和对抗欺骗

为了避免被自己的思维错误误导，或被听到或读到的欺骗性事件背后的错误思维欺骗，我们需要使用高阶思维技能。虽然其中一些陈述并非故意欺骗我们，但在更多情况下这些陈述（尤其是来自广告商、销售人员、政客、评论员和其他想要影响我们的思维的人的陈述）具有欺骗性。反驳错误思维虽然非常具有挑战性，但只要经过大量练习，就算是学前儿童也可以学会识别一些常见的思维错误。通过不断的练习，大多数三年级学生都能够发现自己的一些思维错误，解析多种误导性陈述，以判断说话者或作者的意图，避免被误导或欺骗。

心理捷径

在许多类型的思维错误中，心理捷径是最常见和最容易出问题的，因为它很容易被制造出来。心理捷径也称为启发法，它减少了形成意见或决策所需的时间和精力，所以是积极的、有用的。它是数学、科技和道德的重要方面，也能帮助急诊室内的工作人员快速做出正确的决定。毕竟，如果捷径能让你更高效地抵达你需要去的地方，那么它就是一件好事。然而，这些类型的心理捷径是有意、有目的地开发的，而更多的心理捷径是凭直觉（自动或潜意识）产生的，换言之，就是不存在什么思维过程。一个多数人熟悉的例子就是匆匆下结论，此时，很少有人努力思考正在发生的事情的可能原因，也没有生成性的高阶思维。

心理捷径的另一个例子涉及建立错误联想。当被要求对一组照片中的人物的品质进行评分时，成人和儿童都会认为有魅力的人比没有魅力的人更好、更值得信赖，而且男性比女性更倾向于这样做（Kahneman, 2011；Hines, 2010；Halpern, 2013）。魅力作为一种基础的表面化特征，被纳入心理捷径以代替更耗时和更具挑战性的任务（即根据足够可靠的信息进行评价）。心理捷径在需要高阶思维技能时使用低阶思维和中阶思维技能，在这种情况下，识别和分类代替了解析和评价。一个具有解析能力的人会这样回应这个任务："我不知道。我无法通过一个人的外表确定他的品质！"

刻板印象与建立错误联想密切相关。刻板印象会为整个群体或一类人指定一个特征。即使这些特征是积极的（如"所有的亚洲学生都很聪明"），但它们仍然是有害的，因为它们具有误导性且不真实。

另一种心理捷径是相信某件事的发生或存在可以从事物或人的内在品质中找到原因，而不是出于外部的或更复杂的原因。这是一种从最明显和最容易获得的来源中寻找信息的心理捷径，也被称为内源启发法（Cimpian & Salomon, 2014）。一个孩子可能认为风是由树枝和树叶的摇摆造成的，一个成人可能认为某些人擅长数学或弹钢琴只是因为他们具有先天的能力或禀赋。在本书的第九章提到的"思维快照：橙色是新的绿色"中，儿童将速度——自行车的运行速度有多快——视为自行车的内在特质，而不是骑行者的意志和能力与自行车的机件等因素共同作用的结果。学生们在获得高阶思维技能并练习分析事物的过程中，逐渐培养避免依赖这些心理捷径的意识和能力。

思维偏差

前面描述的刻板印象也是一种思维偏差。思维偏差是因偏爱一种观点超过另一种观点且没有考虑哪种观点最准确而犯的错误。"所有的亚洲学生都很聪明"这一刻板印象忽略了其他可能的影响因素：他们努力工作、关心自己在学校里的表现、喜欢学习、想让自己和家人感到自豪、有抱负或与其他学生合作。虽然还有许多其他类型的思维偏差，但最常见的两种思维偏差是乐观偏差和证实偏差。

乐观偏差使人们相信事情总比实际情况更好，或者无论他们为了改变结果做或者不做什么，事情都会有好的结局。"一切都会好起来的"和"期待最好的结果"是反映乐观偏差的两种常见的表达方式。虽然拥有积极的态度是一件好事，但乐观偏差往往会导致人们回避问题，不花时间和精力进行批判性思考，并做出导致错误决策的评估。年幼的学习者中常见的乐观偏差类型包括：期望太高或不切实际——有多少朋友会来参加他们的生日派对、他们会收到什么礼物，以及礼物会多有趣，并相信自己比实际上知道得更多，更有本事。乐观偏差往往不可避免地会导致失望。

证实偏差是造成人们相信假新闻的原因。我们乐于听到和相信那些能够证实我们已经持有的观点的信息。提供其他观点或与我们的信念相矛盾的信息，很容易被忽略或驳回。如果一个荒谬的主张或故事与自己所相信的东西一致的话，那么许多人甚至会选择相信。这使得证实偏差尤其有害。教师可以通过有趣的活动和互动帮助学生意识到他们的证实偏差。他们可以回应学生的陈述，例如，如果学生说"我不喜欢科学——它很无聊。我不会成为一名科学家"，那么教师就可以回应："是的，我知道。一项无聊的研究发现，不喜欢科学的学生也不会玩电子游戏，因为在创造这些游戏时使用了太多无聊的科学！"

思维欺骗

学生还需要高阶思维技能，以避免被听到或读到的误导性陈述欺骗。尽管下文中列出的此类陈述的例子听起来很复杂，但让它们具体化并被年幼的学习者理解并不困难。在整本书中有许多活动可以做到这一点，包括本章后续提到的"认知活动：大脑诱饵"。

- **夸张**：非常夸张，包括做出以"你永远不会……""你总是……"开头的陈述，或者声称一个想法或信念是荒谬的或不可能的而没有提供理由或证据。对此，一名儿童更容易理解的说法是"你说大话"。通常，夸张的意图是结束讨论。
- **合成谬误**：声称对一部分来说正确的事必须对整体来说也正确。对此，一名儿童更容易理解的说法是"这只是拼图中的一块，而不是全部"。
- **转移注意力的话题**：转移话题或将话题改变为演讲者更能接受的陈述（改变主题）。有许多转移注意力的策略，例如回答与所问问题不同的问题，攻击演讲者的可信度而不是演讲者的想法。对此，一名儿童更容易理解的说法是"分散注意力"或"回避问题"。
- **错误的二分法：** 当有更多的答案或解决方案时，仍然相信或声称只有两种可能的答案或解决方案（是或否，全或无，对或错）。对此，一名儿童更容易理解的说法是"只能二选一的思维"。
- **诱导证人：** 试图获得特定回应的陈述或问题，例如"你不同意吗？""很明显……""每个人都知道……"。一名儿童更容易理解的说法是"你应该按照我的思路来思考"。
- **转移举证责任：** 在没有证据的情况下提出一个主张，并要求对方来反驳自己。一名儿童更容易理解的说法是"证明我错了"。

当然，还有许多其他类型的欺骗性陈述。解析这些谬误的能力取决于识别它们的能力。通过在教师的指导下练习，即使是非常年幼的学习者也可以开始发展这些能力。大脑诱饵是一种以愉快的方式做到这一点的教学技巧。

认知活动：大脑诱饵

"这是金发女孩和三只大猩猩的故事。"像这样的大脑诱饵会以一种有趣的方式造成认知失调。我们的大脑强烈而直接地需要解决这种失调，从而触发中阶思维技能（如联想/辨别）。认知失调可以通过公然说谎或故意做出误导性评论产生，让教师可以轻松、快速地进入课程或讨论，比如上面提到的金发女孩的例子。但是，大脑诱饵也可以与内容学习联系起来，并随着学生获得技能和成为更成熟的思考者而变得更加微妙和复杂。因为大脑诱饵要求学生捕捉和纠正错误，所以可以帮助学生学会解析欺骗性陈述。

在本书第七章的思维快照中有一个例子，提到一位教师利用母鸡潘妮的故事作为大脑诱饵。归根结底，这个故事讲了由于妄下结论的思维错误而导致的问题，尤其是信息传播者灌输恐惧并制造压力，使得大家相信了一个古怪的陈述。母鸡潘妮不是故意这样做的，它真的相信天要塌下来了。但是，诉诸恐惧和使用恐吓策略是广告商、政客和其他人故意使用的常见欺骗手段。教师强化了故事中的教训，并帮助孩子们练习运用大脑诱饵进行解析。当一幅画从墙上掉下来时，她大喊："天花板要塌了！"然后，她帮助学生们识别其中的思维错误，并运用尖锐的问题、视觉证据和演绎思维对错误进行了反驳。

下面的思维快照中提到的大脑诱饵发生在围绕"野生"和"驯化"概念进行的讨论中（参见第八章对"野生和驯化"主题的描述）。

思维快照：它是猎豹吗？

教师："这里有一张我的猎豹的照片。"

学生："那是一只狗！"

教师："不，不，不。你们骗不了我。我知道它是一只猎豹。"（转移举证责任）

学生："它是一只狗！！"

教师："太可笑了。你们怎么能认为它是一只狗？"（夸张地反驳）

学生A："猎豹有斑点！"

教师："这个我知道！你看它的背上，是有斑点的。"（合成谬误）

学生B："猎豹浑身都有斑点。"

教师："很多东西都是浑身有斑点的啊，比如斑点狗。你没看过那部电影吗？还有一些有斑点的东西……"（转移注意力的话题）

学生C："猎豹没有松弛下垂的耳朵。"

学生D："猎豹是野生的，不是宠物！"

教师："对我来说，这听起来是错误的想法。宠物可以是野生动物，或者曾经是野生动物。人们有宠物蛇。（解析错误二分法的范例，又抛出一个转移注意力的话题。）但我的宠物不是野生动物……所以，它真的不是猎豹？"

学生:"不是!"

教师:"那好吧。在宠物店里,他们告诉我这是一只猎豹!但我认为他们欺骗了我。你们觉得我可以退货吗?"

(作为回应,有些学生笑了,有些学生看起来并不相信,有些学生表示怀疑,有些学生感到困惑,有些学生看起来很担心教师的理智。)

教师:"其实,我已经开始喜欢我的猎——我的狗了,所以我想我会继续养它。它的耳朵看起来如何,或者它是一只狗还是一只猎豹并不重要。它是一个很好的伴侣,有惹人喜爱的特质,这才是重要的。"(范例解析)

在下一个思维快照的例子中,一位二年级教师跟学生们讨论了亚伯拉罕·林肯(Abraham Lincoln)的生平。在这之前,学生们在总统日的前几天阅读过两本简短的林肯传记。

思维快照:关于林肯的思考

教师:"对你来说,亚伯拉罕·林肯最重要的是什么,或者他做过的最重要的事情是什么?"(请学生解析)

(几名学生提出了自己的想法:他很穷,但长大后成了总统;他解放了奴隶;他打赢了内战。)

教师:"我同意大家的看法。我还很佩服他是一位伟大的演说家。他真的很会演讲!每个人都喜欢他和他的想法。我们的国家原来不像现在这样分成很多州,但在美国的每个人都爱他,不是吗?"(诱导证人)

(有些学生点了点头,但没有人做出回答。全班沉默了大约15秒。)

教师:"你们都被我骗了。我告诉了你们一些不正确的事情,但我最后的问题骗到了你们。它使你们无法深入思考,也无法分析我说过的话。或者可以说,它阻止了你们告诉我我错了。我的问题是什么?它是如何欺骗你们的?"

在接下来的讨论中，教师提醒学生们：他们读过的关于林肯的任何文章都没有表明每个人都爱他，而且他们读到的大部分内容都是对美国南北方之间的深刻分歧的描述。一个南方邦联的支持者非常痛恨林肯，以至于刺杀了他。

然后，教师帮助学生们理解陈述中的欺骗性思维。

教师："即使林肯广受喜爱，也不可能所有人都爱他。这是一个巨大的夸张。而我刚刚又说了一个！"（夸张）

"下面我要说关于林肯的十件事。你们需要对每条陈述做出判断：如果你认为它是正确的，写下数字1；如果你认为它是错误的，写下数字2；如果你认为它可能是正确的，但不确定，写下数字3；如果你认为这是一个观点，写下数字4。不要被我用的误导性问题、夸张或其他把戏欺骗了。请记住，如果我的陈述中的任何部分不正确，那么整个陈述就是不正确的。我可能会试图通过在同一个陈述中说一些正确的事情来分散你的注意力，让你意识不到我说的是错误的。"

这些陈述如下：

- 林肯是第十六任总统。
- 林肯是最好的总统。
- 林肯从来没有用计算机写过他的演讲稿；他是用笔和纸写的演讲稿。
- 林肯不喜欢用计算机写演讲稿；他更喜欢用笔和纸写演讲稿。
- 林肯相信每个人的自然权利，比如自由。
- 林肯出生在一个小木屋里。
- 林肯于1809年出生于肯塔基州，并于1865年在内战结束仅五天后去世。
- 林肯喜欢剧院；他喜欢看演出。
- 林肯在《独立宣言》上的签名是第一个也是最大的一个。
- 如果没有林肯，南方本可以赢得内战。

教师推动了对这些陈述及其所反映的欺骗类型的讨论。然后，教师让学生们写出四条关于林肯的不同陈述：一条是正确的，一条是错误的，一条可能是正确的，一条是观点。学生们以小组的形式完成这项工作并互相检验。

结　　论

　　解析和评价的批判性高阶思维技能是避免思维错误和对抗欺骗性陈述的关键技能。年幼学习者的教师可以有意识、有技巧地应用本书中的概念和思想，开始培养学生运用高阶思维技能。正如尽早建立良好的营养习惯能够为更健康的生活奠定基础，尽早发展基本的高阶思维技能可以为更有成效、有目标的生活奠定基础。对于大多数人来说，如果在成人或青少年期而不是在儿童期开始学习，那么他们想要精通一门外语或演奏一种乐器就会困难得多。熟练使用高阶思维技能也是如此。

　　在出生时，婴儿大脑的重量是成人大脑的三分之一。这意味着大脑三分之二的重量是在与其他人和环境相互作用时形成的，并且这部分重量几乎都是在生命的前六年形成的。大脑的活跃部分由数十亿个脑细胞（神经元）和它们之间的数万亿个连接（突触）组成，这些连接在最初的六年中形成、修剪、重新形成、弱化和强化。因此，当我们帮助儿童及早掌握高阶思维技能时，他们大脑中用于批判性思维的连接就会形成和强化。如果教师和家长不断为学生提供在越来越高级的水平上使用这些神经连接的机会，那么它们将会扩展并持续一生。

　　与其他基本的高阶思维技能一样，婴儿偏好助人行为而不是刻薄行为的能力似乎是与生俱来的。如果不加以培养，那么这项能力以及其他所有与生俱来的能力将会停留在初级的水平上，有些甚至可能会消失。但随着时间的推移，这些能力会通过有计划的教学以及挑战和支持的良好平衡轻松自然地发展起来。不适应当今世界的先天能力，例如对被认为与众不同的人的偏见，可以随着儿童的成长和更高级思维技能的获得而被取代。现在，有了新的、更完整的关于思维技能的知识和提升策略，我们可以更有意识、有能力地从儿童很小的时候就开始培养他们的高阶思维技能。

本章的主要观点

- 儿童的思维和成人的思维并没有本质区别。即使是非常年幼的儿童也能运用各种类型的思维,包括大多数类型的高阶思维。成人和儿童都会犯相似类型的思维错误,并且对某些类型的思维表现出偏好。然而,成人和儿童在思维的复杂程度方面确实有所不同,成人有更多的经验和更广泛的知识基础可供借鉴。
- 某些高阶思维技能似乎是与生俱来的,正如对语前婴儿进行的实验所证明的那样。婴儿更加偏爱助人的、像自己的玩偶,而不是刻薄的、不像自己的玩偶,并且对与他们显著不同的玩偶表现出蔑视。婴儿还可以根据行为推断意图,并显示出其他几种高阶思维技能。
- 没有得到培养和进一步发展的先天的高阶思维技能,会停留在初级阶段,甚至会逐渐消失。随着儿童的成长和更高级的思维技能的发展,那些适得其反的先天的高阶思维技能会被取代。
- 高阶思维技能可以帮助学生避免思维错误,以及被误导性陈述欺骗。解析和评价等批判性思维技能对此特别有用。

讨论

- 回顾本章开头所引用的艾莉森·高普尼克的说法,教师应如何协调学生想要获得清晰、明确信息的需求与学会创新和生成原创想法的需求?
- 讨论学校和教师在帮助学生运用自身的高阶思维技能以达成积极目的中起到的作用。有哪些教学法和课程策略可以促进这一作用?
- 有哪些例子可以说明成人和儿童的思维如何相似和不同?
- 在回顾了许多人相信的假新闻故事的例子后,讨论作者使用的欺骗性思维策略,以及相信他们的读者所犯的思维错误类型。
- 还有哪些学生犯过的其他类型的思维错误在本章中没有讨论到?
- 有哪些针对幼儿的思维欺骗?

为思考而学习,为学习而思考

让学生去做任务,而不是去学知识;做的过程能唤醒思维,……学习自然就发生了。

——约翰·杜威,《民主与教育》

第七章 教与学高阶思维技能的指导原则
——严谨亦有趣

本书的上编介绍了有关我们头脑里的工具箱中的心理工具的详细信息。有了大量的高质量的心理工具，以及对其功能和目的的了解，现在是时候帮助学生学习如何使用这些工具了。我们学习使用实际工具的最有效方式是完成一项真实的任务，例如挂一幅画、修补漏洞或制作园艺工作台。学习使用高阶思维技能也是如此。本章中的策略和活动可以激发学生的高阶思维。学生在使用高阶思维技能的过程中，可以了解它们是什么，它们如何工作，以及如何有效地、高水平地使用它们。

对于学习使用任何强大或复杂的五金工具，有以下重要指导原则：遵守安全须知，仔细阅读操作说明，确保该工具适合这项任务，在使用前检查工具是否处于良好的工作状态，知道如何准备工作空间和材料，以及知道如何维持工具的良好状态。本章描述了促进学生高阶思维技能发展的四项指导原则，并提供了示例场景或思维快照的例子，以说明如何在实践中应用它们。

四项指导原则如下：

- 运用隐性和显性方法教授高阶思维技能。
- 促进高阶思维技能的活动要具有灵活性和回应性。
- 活动要充满挑战性和乐趣。
- 活动要帮助学生获得洞察力、理解力和鉴赏力。

这些指导原则有助于教师有效地促进学生高阶思维技能的发展并惠及所有的学生。虽然本书没有全面述评关于学生之间的学习风格、需求、智力类型、文化影响、偏好及其他因素的差异的理论，但这些指导原则所反映的以学生为中心的个性化实践能够回应所有的学习者（不论文化和个体差异如何）。

运用隐性和显性方法教授高阶思维技能

有专门的课程教授思维技能。有一些课程，如工具丰富课程（Instrumental Enrichment Program；Feuerstein, Feuerstein, & Falik, 2010），会利用在无意义的图形中寻找模式之类的抽象问题。有一些课程，如有效思维课程（Productive Thinking Curriculum；Covington et al., 1972），会运用神秘故事。还有一些课程，如柯尔特思维教程（Cognitive Research Trust Program；de Bono, 1985），会对常见问题进行小组讨论。每种课程都采用了相似的形式。学生被提供使用高阶思维技能的示例和对该技能的解释，然后练习在不同的（通常是假设的）情况下应用它们（Willingham, 2007）。

关于如何最好地教授思维技能的大量研究结果表明，思维技能的显性教学（但不一定通过既定课程）是重要且必要的（Collins, 2014）。该领域内的一些专家提出了一个令人信服的案例，认为思维技能的显性教学最好在以内容为主的课程背景下进行，并且要在教育时机出现时进行（Abrami et al., 2015；Goodwin, 2017）。思维教学中心（Center for Teaching Thinking）的管理者罗伯特·斯沃茨（Robert Swartz）称其为"融入式教学"（Swartz et al., 2010）。这种方法反映在本书的大部分活动示例中——思维快照、认知活动和思维游戏。高阶思维技能的隐性教学也很重要，是显性教学的补充和支撑。本书中开展隐性教学的主要方法是教师示范高阶思维技能的运用。然而，要让隐性教学对学生的思维产生影响，必须经常且巧妙地对高阶思维技能进行示范。第八章和第九章介绍了一些非融入式的、以显性方法教授高阶思维技能的策略和技巧。但这些策略和技巧都是通过游戏和其他有趣的活动来实现的。下文中的思维快照是一个"融入式教学"

的实践案例，是在一个众所周知的故事背景下开展的高阶思维技能的显性教学。

思维快照：天要塌下来了吗？

在向年长的学龄前儿童读完《母鸡潘妮》（*Henny Penny*，又名《忧天小鸡》）的故事后，西尔维娅女士向他们提出问题：为什么母鸡潘妮被橡子砸到头后认为天要塌了？接下来的讨论涉及害怕和恐慌如何影响我们使用高阶思维技能，甚至低阶思维技能，以及可能导致我们犯思维错误。"妄下结论""因果关系"等新的词汇和概念被引入。学生们被要求提供其他妄下结论的例子，西尔维娅女士也提供了一两个例子。

在当天的晚些时候，西尔维娅女士带领一小组学生表演了这个故事的几个不同版本。在其中的一个版本中，其他动物帮助母鸡潘妮冷静下来，请它解释它是如何知道天要塌下来的，并考虑其他可能引发橡子砸到它的头的原因。

在这一周的课程中，西尔维娅女士利用了一些教育契机，令孩子们感到非常高兴。在圆圈时间里，当一幅画从墙上掉下来时，西尔维娅女士大喊："天花板要塌了！天花板要塌了！"她鼓励学生想办法让她相信天花板不会塌下来。还有一次，在春末温暖的一天里，在班级户外活动时，一个孩子脚底打滑，差点摔倒。西尔维娅女士说："哎呀，我很庆幸你没有摔倒。要小心冰块！"当她说道"冰很滑，吉诺打滑了，所以地上一定有冰"时，孩子们试图反驳她的逻辑。这种涉及因果关系的逻辑思维错误也被称为三段论：前两句陈述为真，第三句结论为假。他们最终展开调查，并注意到地上有少许油（解析）。西尔维娅女士帮助他们认识到，如果他们在有油的地方放一点沙子，那么地就不那么滑了。

几天后，西尔维娅女士再次阅读了这个故事，但重点关注的是，其他动物没有解析母鸡潘妮所传播的坏消息，而狐狸从中正确地推断出（另一种批判性思维技能）这些动物很容易被愚弄。

促进高阶思维技能的活动要具有灵活性和回应性

尽管有许多理论认为,人们思考和学习的方式多种多样,但场依赖型与场独立型的认知风格的概念(Witkin et al.,1962)已经被广泛接受了几十年。场依赖型或情境型的思考者认为,每个人的身份以及一切事物的意义和目的,主要由其语境、关系和联系决定。这种思维方式有时被称为集体主义的思维方式。场独立型或离散型的思考者认为,所有人和事物都具有个别的、独特的身份,不受任何情境因素、联系或关系影响。这种思维方式有时被称为个人主义的思维方式。大多数的情境型思考者的实践思维技能比概念思维技能强,而大多数的离散型思考者恰恰相反。情境型思考者倾向于"只见森林而不见树木",离散型思考者倾向于"只见树木而不见森林"。

情境型或离散型思维与民族文化存在联系。一些民族文化的价值观、信仰和实践强烈提倡情境型思维,而在其他国家则强烈提倡离散型思维。所有民族文化的特征表现为它们在多大程度上促进了一种思维方式,而不是另一种思维方式。这一特征深深嵌入社会的各个方面,并且在每个国家中都有深厚而古老的根源(Hofstede,2011)。因此,对于大多数人来说,他们的思维方式是非常固定和稳定的,并且抗拒改变。

许多移民家庭的学生来自民族文化更强调情境型思维而不是离散型思维的国家。作为情境型思考者的学生,他们在学习使用高阶思维技能时,可能会面临一些挑战。为了让他们更容易学习,教师在设计需要批判性或创造性思维技能的任务和活动时,要确保其背景、目标有意义,并且考虑其社会文化的适宜性。下文中的思维快照活动说明了如何做到这一点。

思维快照:一顿特别的午餐

学校食堂的工作人员提议每周五提供一顿特别的午餐。每个班级都有机会为某个特别午餐日选择菜单。班级学生需要在烹饪风格、主菜、配菜和甜点的选择上达成一致。阮女士利用这个机会，让她的一年级学生参与数据收集、绘图和决策活动。从全班讨论和头脑风暴活动开始，她在白板上分四列记录：风格、主菜、配菜和甜点。首先，学生确定了他们喜欢的三种烹饪风格：美式、墨西哥式和越南式。这代表了班上学生所归属的三种民族文化。对于每种风格，他们说出了两道主菜和一道配菜的名字。他们还说出了两种甜点——冰激凌和布朗尼蛋糕。甜点的选择与烹饪风格无关，因为事实证明，确定甜点的风格很困难，并且学生们并不喜欢与某种烹饪风格相搭配的甜点。阮女士随后提醒学生，他们需要做出选择，因为一个班级只能选择一种烹饪风格、主菜、配菜和甜点。

她给学生上了一堂关于套餐的课程，并限定他们可以选择的套餐数量，每套都是午餐，包括三种菜品和一种风格。每个午餐套餐都有一个编号和名称。学生两人一组，很开心地为套餐起名字，例如"美味的面条""野餐的力量""3Bs——墨西哥卷饼（Burritos）、豆子（Beans）、布朗尼（Brownies）"。

在当天的晚些时候，阮女士带领学生为他们的选择制作了一张条形图。该图在X轴上有12个数字，每个数字代表一个可能的午餐套餐。采用无记名投票的方式，每个学生在蓝色便签纸上写下他们最喜欢的午餐套餐的编号和名称，在黄色便签纸上写下他们的第二选择。从第一个选择开始，学生们将他们的便签纸贴在适当的位置上，以创建一个垂直条形图。当阮女士帮助他们"阅读结果"后，他们发布第二个选择，并再次查看结果。"阅读结果"包括：确定哪些午餐套餐的票数最多、票数最少、票数相同、票数为零等。接着，阮女士问了一个问题："第五组得了零票，这是否意味着班上的每个人都不喜欢那个午餐套餐中的食物？"她引导学生展开简短的讨论，以帮助他们理解，因为该午餐套餐里的菜品也出现在得票较多的午餐套餐里，所以这意味着并不是没有人喜欢它。"另外，"她说，"你可能觉得一些食物还不错，但转头选择了你更喜欢的其他食物。"

阮女士带领学生讨论了他们可以做出选择的不同方式，除了可以选择得票最多的套餐，还可以在讨论并达成共识后再做出选择，也可以让教师决定（她开玩笑说)。最后,学生同意选择得票最多的那个午餐套餐。

有两个午餐套餐显然比其他套餐有更多的选票,但总票数最多的套餐获得了更多的第二选择票和较少的第一选择票。她问学生:"以第一选择票最多,还是总票数最多的方式来选择套餐更公平?或者有没有办法同时计算两者?"在学生们热烈讨论之后,阮女士描述了如何公平地计算两组选票,即让第一选择票的价值高于第二选择票,从而得出总分,以表示哪一个套餐的总体价值最高。(她避免使用"加权"这个专业术语,因为它可能会使一年级学生感到困惑。)

为了说明这个概念,她拿了两堆硬币。其中一堆有十枚硬币——七枚五分硬币和三枚十分硬币。另一堆只有八枚硬币——两枚五分硬币和六枚十分硬币。他们把每一堆钱加起来,发现硬币较少的那一堆更值钱。阮女士建议,第二选择票算作半票,因此两张第二选择票等于一张第一选择票,就像两枚五分硬币等于一枚十分硬币,一枚五分硬币的价值是一枚十分硬币的一半。以这种方式计算选票后,总票数较少但第一选择票数较多的午餐套餐具有更大的价值。学生中的一些实践型思考者仍然难以接受没有选择总票数最多的午餐套餐。阮女士提醒他们:"表面现象可能会产生误导,所以要超越表象,深入思考。某物更多,并不意味着它更有价值。比如,五分硬币比十分硬币多,并不意味着前者更值钱。"然后她让学生们对他们的辛勤工作和高阶思维技能的发展彼此表示祝贺。

当学生们表达个人的食物偏好,并看到来自自身文化的美食得到欣赏时,阮女士激发了情境型思考者的优势。整个过程涉及决策,需要对同伴群体中的所有成员的感受和偏好保持敏感。学生两两合作,为午餐套餐命名,为创造型思考者提供了一个大放异彩的机会。在将便签纸贴在图表上时,他们都积极参与。阮女士知道,公平是情境型思考者很容易理解和在意的一个概念,因此在讨论中将他们与离散型思考者置于更加平等的地位。让学生互相道贺是一个小而重要的仪式,能够支持在课堂上相互尊重和群体和谐的价值观。

此外,她在活动中为更高水平的情境型思考者嵌入了一些挑战。这些挑战旨在帮助这些学生获得技能,并愿意使用离散型和概念型思维,因为未来的学业发展将越来越需要这些思维。挑战包括学生对他们喜欢的午餐套餐做出自己的决定，并理解教师不是真的想要自己做决定。最终的挑战是明白条形图上最高的数据条并不是具有最大价值的。

阮女士提倡的多种思维技能包括：为每个午餐套餐提供一个编号和名称（逻辑思维技能）、为午餐套餐命名（创造性思维技能），以及计算午餐套餐的数量（逻辑思维技能）。她通过让学生从条形图中推断信息（批判性思维技能）并经推论回答她关于获得零票的午餐套餐的问题（逻辑思维技能），使学生参与一个简单的分析过程（思维过程）。他们使用联想/辨别思维来探索集体决定午餐套餐的不同方式（逻辑思维技能），并推断阮女士在建议大家让教师做决定时并不是认真的（批判性思维技能）。当讨论用什么方式确定最有价值的午餐套餐更公平时，他们进行了另一项分析。当阮女士告诉他们要超越表象并深入思考时，一般意义上的批判性思维就被明确定义了。

活动要充满挑战性和乐趣

丽莲·凯兹（Lilian Katz）博士是儿童教育领域的领军人物之一，她强烈主张，教学实践要更多地关注年幼学习者的心智目标和基于项目的主动学习，而不是学业目标和正式教学。她将心智目标定义为，成为"能最全面地处理心灵生活的人（例如灵活运用推理、预测、分析、质疑）"（Katz, 2015, p.1）。从本质上讲，她呼吁开展更多促进高阶思维的活动。凯兹博士不仅担心正式教学，还担心幼儿课堂中普遍存在的缺乏挑战性、智力运用不足的实践："虽然心智倾向可能会因过度和过早的正式教学而削弱甚至损害，但托儿所、幼儿园和学前班项目中经常提供的许多不用动脑筋、琐碎甚至平庸的活动，也不太可能强化心智倾向。"（p.2）

什么让一项活动具有挑战性和心智层面的严谨性？简而言之，它要调动学生的高阶思维技能，并以接近儿童当前最高的能力水平为目标。对于二年级学生来说，要求他们在一张作业纸上完成25道减法题，将是一项艰巨的任务，因为这需要花费很多的时间和精力。但这也会很乏味，因为它主要涉及低阶思维技能和重复工作。在教学和学习的过程中，数量无法代替质量。例如，一项具有挑战性的高质量作业，会要求二年级学生提出并解决 4 道减法题，这些问题与他们选择的运动联盟中球队的得分、积分或排名有关。这具有挑战性，因为它需要使用高阶思维技能。对于大多数学生来说，他们不会感到乏味，甚至对于许多学生来说，这可能是一种享受。

当只运用低阶思维技能教授算术时，大多数高水平或学习很快的学生会感到无聊，而很多苦苦挣扎的学生则学不会。除了最迟钝的学生外，几乎所有的学生都希望参加一个编排严谨的课程，他们将迎接其提供的挑战。此外，当课程严谨时，学生的问题行为会更少，因为他们会投入学习过程，而不会感到无聊或"迷失"。

实际情况是怎样的呢？为了回答这个问题，让我们重温第六章中描述的活动，即教师让学生命名蔬菜。该课程的内容领域是语言和文化知识，具体内容是认识蔬菜的名称。教师使用的方法是向整个小组提问，以引出一个正确的答案。这节课的目标是，提高学生的语言技能（词汇），增加学生关于各种蔬菜的知识，也许还有关于秋季的文化知识——涉及这个月的主题。如何修改这个课程活动，使其更具挑战性和乐趣？如何通过促进高阶思维技能的活动来教授相同的内容？

该活动可以更加以学习者为中心

学生们很少有机会提出问题、讨论蔬菜的特性，以及联系先前的知识或日常生活。讨论学生提出的问题，是培养高阶思维技能的重要策略。活动要求学生使用低阶思维技能——模仿、记忆和复述——来增加其对蔬菜的认识。学生不能触摸、闻或品尝它们，不过一些学生后来在小组烹饪活动中这样做了，这样可以帮助学生获得更完整的关于每种蔬菜的知识。活动中有这样一个问题："这是什么蔬菜？"如前所述，教师可以问两种看起来完全不同的蔬菜为什么都是辣椒。以下是一些其他的问题，可能会引发有趣的讨论和各种高阶思维技能的使用。

- 怎么能知道这是蔬菜？
- 你怎么知道这种蔬菜是南瓜？
- 你吃过哪些由土豆做成的食物？
- 哪些蔬菜需要煮熟才能吃，为什么？
- 哪些蔬菜是我们通常生吃的，其中有哪些既可以生吃，也可以煮熟后吃？

该活动可以通过创设游戏情境，增加其趣味性

提供情境不只是对情境型思考者有利。在任何年龄段，如果活动有目的或情境，有花时间努力学习新事物的理由，那么大多数人就会学得更好，记住信息的时间会更长。这就是在美国佛蒙特州蒙彼利埃市的教室里学习讲法语和住在法国蒙彼利埃市的一个法国家庭里学习讲法语的区别。通常，当有一个有意义的情境时，学习会更愉快。对于这项活动，提供情境的一种有效方法是创建一个虚构的情境，例如创建农场、农贸市场或杂货店，然后学生在买卖蔬菜的过程中学习或练习复述蔬菜的名称。

该活动可以重新组织，使教学更充分

一般来说，许多活动和课程都有一个共同的问题，那就是它们在短时间内传递了过多的信息。它们更像是沼泽，而不是湖泊——宽而浅，而非窄而深。更充分地聚焦更少的信息会更有意义，也更令人满意——就像在湖中游泳比在沼泽中涉水的感觉好，并且提供更多的提升高阶思维技能的机会。展示更少的蔬菜，并更详细地探索每一种蔬菜，可以使活动开展得更加充分。如前所述，这样可以腾出时间，让学生去感受、闻和品尝它们，并让教师提问、引导讨论，以促进学生高阶思维技能的发展。

活动要帮助学生获得洞察力、理解力和鉴赏力

这一原则可能是四个原则中最重要的。为了设计能引发对学科的洞察、理解和鉴赏的活动,教师需要了解激发学生使用高阶思维技能的策略。高阶思维技能是解锁洞察力、促进理解和鉴赏的工具。这些目标看似正式且难以实现,但其实可以通过常见活动来实现,如下文中的思维快照所示。

思维快照:哈丽特绕过高山

贾马尔是一名幼儿园教师,也是一位才华横溢的音乐家。在他教给学生的众多歌曲中,《她将会绕山而来》(She'll Be Coming "Round the Mountain")是他最喜欢的一首。其中蕴含了一个有趣的挑战,即以相反顺序重复所有的声音和动作,贾马尔和孩子们很喜欢创作傻傻的歌词。

在制订课程计划时,贾马尔会定期在互联网上搜索关于促进活动中的洞察、理解和鉴赏的信息与方法。有一天,贾马尔找到了这首歌的另一个版本,里面有一段他从未听过的歌词。这对他来说似乎很奇怪,所以他了解了关于这首歌的更多内容。

第二天,他在班上分享他学到的东西。他告诉学生:"在今天唱《她将会绕山而来》之前,我想给你们读一本书,它能让我们更了解这首歌。这本书叫作《自由的苹果》(An Apple for Harriet Tubman, Turner, 2016)。"在阅读这本书并进行相关的简短讨论后,贾马尔说:"所以,你们可能想知道一本关于奴隶制和'地下铁路'[1]的书,可以教给我们关于《她将会绕山而来》这首歌的哪些信息。这是一首非常古老的歌曲,我们不知道编曲或作词的人是谁。但我们已经知道的是,很

---

[1] "地下铁路"(Underground Railroad)并不是真正的铁路,而是一个由黑人和白人组成的、愿意冒险搭救逃亡黑奴的团体。——译者注

久以前它就有不同版本的歌词。这是一首人们在教堂里唱的宗教歌曲。之后，奴隶们为了庆祝'地下铁路'的突出贡献，更改了歌曲的歌词和名称。你们认为他们为什么没有在歌曲中使用'奴隶'或'地下铁路'这两个词？歌曲中的哪些单词或短语可能与'地下铁路'有关？我们需要运用一些高阶思维技能来找到答案。"

在简短的讨论中，贾马尔讲了隐藏在歌曲和故事背后的其他信息，然后他告诉学生："现在让我们唱这首歌，想一想奴隶制、哈丽特·塔布曼[1]和'地下铁路'。之后，我们来谈一谈与之前唱这首歌的感觉相比，这次再唱这首歌时有什么感觉。"

贾马尔带给他的学前班孩子们的重要见解和理解如下。

- 事物会随着时间而改变和转换。
- 即使是最无力的人，当他们运用创造性思维时，也能找到办法给自己一些力量。
- 事情并不总是像表面上看起来的那样。
- 学科领域通常不是泾渭分明的，而常常是综合在一起的（在这个例子中体现为音乐、文学和历史的综合）。
- 单一事物，例如一首歌，可以同时或依次具有多个目的或意义。
- 从历史中可以学到很多有趣的东西。

结　　论

或许上述的思维快照中所述活动的最重要方面是，贾马尔示范了追求心智目标的价值。他以身作则地告诉学生，对于一个事件、一个人、一个艺术作品、一个科学概念或一首歌曲，获得更多的信息以及更全面的了解，可以加深我们对它的感受，并加强我们的鉴赏力。虽然这一指导原则对于提升高阶思维技能

---

[1]《自由的苹果》中的主人公。——译者注

至关重要,但当教师同时应用四项原则时,才能达到最好的效果。开展高阶思维技能的隐性和显性教学,实施对来自各种文化的所有类型的学习者都适用的活动,并利用学生的优势,可以确保教与学活动实现充分的个性化。最后,当这些活动同时具有挑战性和乐趣时,学生将会充分参与并发展心智,从而在学校和日常生活中取得成功。

本章的主要观点

有效促进学生高阶思维技能发展的四项指导原则如下。

- 运用隐性和显性方法教授高阶思维技能。
- 促进高阶思维技能的活动要具有灵活性和回应性。
- 活动要充满挑战性和乐趣。
- 活动要帮助学生获得洞察力、理解力和鉴赏力。

总的来说,这四项指导原则通过确保所有的学生都参与学习,磨炼他们的高阶思维技能并发展新技能,从而促进高阶思维教学。

讨论

- 讨论在不同的教学工作中使用其他指导原则的例子。你的经验如何影响你在高阶思维教学中对这些指导原则的使用?
- 由于文字是可见的、无处不在的,而且很多教学和学习都涉及阅读和写作,因此结合情境、显性和隐性地进行识字教学很容易。相比之下,思维的可见性就不那么明显。讨论可以使思维更加外显、可见的各种方法。
- 讨论特定学生(现在和过去)的思维优势。尽可能多地找到不同类型的思维优势。
- 找出生活中的一个例子,说明获得更多信息会使你对某种情形、某件艺术品、某个问题或某个人的境遇的观点发生改变。

第八章 高阶思维教学策略
——严谨的乐趣

在使用强大而复杂的五金工具时,有一些应用指导原则的一般策略或方法。例如考虑到"在使用前检查工具是否处于良好的工作状态"这一原则时,对于切割工具来说,一个好的做法是检查刀片是否需要打磨或者更换。同样,在引导年幼的学习者学习高阶思维和应用指导原则的过程中,也有一些普遍的策略。本章提供了适合四项指导原则的策略,但只强调那些能够使具有挑战性的活动变得愉快,以及使愉快的活动变得具有挑战性的策略。这些策略既包含能够促进大脑严谨思考的游戏和有趣的材料,也包含好玩的、严谨的数学和语言活动。本章中的高阶思维教学策略大大增加了教师培养学生高阶思维技能的机会。

合作性、协作性和社会性学习

同伴学习或小组学习应该是一种默认的模式和规则,而不是个别现象。通过要求学生准确地表达和交流他们的想法,社会性学习增加了思维任务的复杂性,促进了更高级的思维水平的发展。此外,学生需要能够理解他人交流的内容及其含义,这可能涉及推断、解析、转换视角、重构和其他的高阶思维技能。当然,学生不一定能自发地发展这些技能。教师要利用这些互动的机会,温和地纠正错误的思维和误解,帮助学生在更高的水平上使用高阶思维技能,或者让学生练习使用一种新的或更有效的高阶思维技能来完成任务。社会性学习也为学生提供了机会,让学生在练习高阶思维技能的同时,提高社交技能和小组合作的能力。例如，对角色和任务进行协商通常或多或少地涉及决策和解决问题的思维过程。

下文中的思维游戏涉及两人一组或多人一组的任务。它有一定的挑战性，所以可能需要长期的练习。

思维游戏：押韵时间

在两人或多人小组中，学生通过绘画或实物演示来描述两个押韵的词，他们的同伴需要猜出这些词。例如，他们可能会画一只肥猫（a fat cat）或一张红色的床（a red bed）（创作图画需要想象、生成、计划和表征技能；猜测押韵词需要推断、推论和迁移技能）。押韵词也可以是某个短语的一部分，如"杯子里的小狗（pup in a cup）"或"房子上的老鼠（a mouse on a house）"。老鼠和房子可以被画在不同的纸上，学生可以展示老鼠在房子上。在另一个版本的游戏中，学生使用实物进行演示，而不是画图。例如，一个学生跳起来，小组中的其他学生看着她笑［一只有趣的兔子（a funny bunny）］。在演示中也可以使用道具。一个学生可能在闭着眼睛、垂着头时使用扫帚［边睡觉边扫地（sweeping while sleeping）］。[1]

这个游戏可以如上文所述是非竞争性的，也可以用多种方式使之成为具有竞争性的。比如，比其他小组先猜对押韵词的小组或两人搭档可以得分。另外，可以使用类似第五章的"认知活动：选出最佳地图"中提到的投票程序，为最有趣或最有智慧的押韵加分。

对于学龄前儿童，可以由教师来制作押韵词的图片，然后让孩子们猜押韵词。

---

[1] 本段中共出现了六对押韵词，包括猫（cat）和肥胖的（fat）、床（bed）和红色的（red）、杯子（cup）和小狗（pup）、房子（house）和老鼠（mouse）、有趣的（funny）和兔子（bunny），以及睡觉（sleeping）和扫地（sweeping），它们在英语中的读音具有相同的韵脚。——译者注

随着他们对游戏的掌握，图片中的押韵词可以变得更有挑战性。对于已经善于玩"押韵时间"游戏的高年级儿童来说，可以将游戏扩展到需要更高层次的思考上，如创造三个词的押韵或将押韵词限制在某个类别上，如限制在衣服［一只蓝鞋（a blue shoe）］或书籍和故事［三只熊上楼（the three bears go upstairs）］上，或者将两者结合起来［金发女孩的袜子（goldilocks's socks）］。"押韵时间"游戏是采用了高阶思维策略的思维游戏，涉及艺术、戏剧、社交技能、语言和文学等内容。[1]

思 维 主 题

主题教学在学前阶段的课程中较为常见，但对于学前班到小学三年级儿童来说同样有效。事实上，基于主题的学习对于每个年级的学生（包括高等教育阶段的学生），都可以达到非常好的效果。我在大一时的英语文学教授指定的读物都与"公平"这一主题有关。这个吸引人的主题让我依然能够记得，我在1969年上过的这门课！我们阅读了莎士比亚的《一报还一报》（*Measure for Measure*，Shakespeare）和肯·克西的《飞越疯人院》（*One Flew Over the Cuckoo's Nest*，Ken Kesey），以及其他伟大的作品。

在主题教学中，概念、内容领域的知识和技能的教学，被整合在由特定主题联系起来的活动中。一个主题创造了一个情境，这使许多作为情境型思考者的学生更容易学习。相比孤立地教授内容和知识，这种方法对培养高阶思维技能更有效，因为它为思考和学习提供了一个明确的目的。它更贴合儿童自然的

---

[1] 本段中共出现了三对押韵词，包括蓝（blue）和鞋（shoe）、熊（bears）和上楼（upstairs），以及金发女孩（goldilocks）和袜子（socks），它们在英语中的读音具有相同的韵脚。同时，熊、上楼、金发女孩和袜子都出现在绘本《金发女孩和三只熊》（*Goldilocks and the Three Bears*）中。——译者注

学习方式（Buchsbaum et al., 2011; Gopnik, 2016a），也与在现实生活中应用思维的方式更相似。另外，学生的学习动机会变得更强，特别是当主题对他们有吸引力的时候。这些主题会自然而然地使学生投入项目学习，这是本章将要讨论的下一个策略。

　　选择主题是一门艺术。一个有效的主题有助于开展思维严谨、愉悦、积极和互动的活动，并能引发学生的高阶思维，对学生来说意义重大。有效的思维主题应该涉及儿童生活中的重要事情，这些事情或问题几乎是所有儿童每天都在努力解决的。下文是一些可能引发高阶思维的主题示例。

- **"这不公平！"** 探讨了关于公平的问题，包括学习、发明和练习不同的技巧来确保比萨能够平均分配，每个人都能轮到荡秋千，以及化解其他可能存在的不公平现象。它还涉及理解什么时候以及为什么平均分配并不总是最公平的，以及如何知道什么时候出现了资源分配的不均。对于三年级学生来说，这个主题可以延伸到社会问题（例如公平、平等和正义）。
- **"输赢"** 讨论了多种形式的竞争问题，以及如何客观地面对失败、优雅地面对胜利。这个主题探讨了机会、运气、努力、技能和练习在输赢中的作用。在游戏和竞赛的背景下，练习中阶思维技能和高阶思维技能有助于获胜，涉及计算、制订计划/制定策略、转换视角和想象等。
- **"幸运并不持久"** 与"输赢"密切相关，可以作为该单元的一部分。这个主题对"机会"这一概念进行了更深入的探讨。有许多活动涉及运气和技能的区分。学生们开发了一些游戏，并有意地操纵游戏的某些方面，以改变获胜所涉及的运气与技能的比例。
- **"好，更好，最好"** 也与"输赢"有关。这个主题涉及人与人之间先天能力不平等的问题。这个主题的目标之一是帮助学生理解并接受，虽然每个人都有自己的长处和短处，但有些人在某些方面仍比其他人更有能力或天赋。这些活动可以帮助学生理解，努力可以弥补能力的差距，而有天赋的人如果不努力就会泯然众人。教师会以身作则，鼓励学生为同学的成就感到高兴并受其鼓舞，而不是感到嫉妒。学生们以小组为单位进行多媒体项目的学习，学习的内容是关于他们所选择的一个在某些方面表现出色的人。

- **"脑力"** 解决了儿童（主要是男孩）在"善恶"以及权力和控制方面的困境，因为这与体能和暴力有关。许多儿童对体力有误解，他们从动画节目和其他针对儿童（特别是男孩）的媒体中获得这些误解。他们将"好人"总是比"坏人"更强大的错误观念内化。这导致孩子因为认为自己是"好人"，所以相信自己可以击败或摧毁任何"坏"的人或物，无论其有多大或多强壮。这种误解在逻辑上导致了另一个误解：暴力是任何冲突或威胁的可接受的解决方案，因为善总能战胜恶。该主题的一个目标是让孩子们内化这样一个想法：脑力比体力更强大，而一个弱小的动物或人能够打败一个强大的人或物的唯一方法就是运用脑力。随着各种媒介素养活动的开展，学生通过阅读和分析虚构的和真实的故事，对多种形式的脑力进行了广泛而深入的调查。在这些故事中，人物利用才智、聪慧、敏捷的思维、准备、先见之明、策略和类似的方式，而非武力来解决冲突或脱离险境。其中，以儿童或小人物为主人公的故事被着重强调，这些故事包括经典童话《穿靴子的猫》（*Puss in Boots*）和《大拇指汤姆》（*Tom Thumb*）以及罗尔德·达尔（Roald Dahl）撰写的许多书籍。

- **"我和我们"** 主要处理个人和集体或自我认同和群体认同之间的紧张关系。这些活动帮助学生学习如何成为一个优秀的小组成员，同时成为一个强大的、独特的个体，并在尊重他人的需求和权利的前提下，独立地思考和行动。在其他活动中，我们可以阅读和讨论李欧·李奥尼（Leo Lionni）的书——《小黑鱼》（*Swimmy*，［1963］，2011）、《田鼠阿佛》（*Frederick*，1967）和《自己的颜色》（*A Color of His Own*，［1975］，2006），他的书籍中暗含了解决相关问题的策略。

最有影响力的思维主题创意来自对儿童的仔细观察，以及对其对话的长期倾听。在这个过程中，通常会出现一个学生关心的问题，如下文的思维快照所示。

思维快照：野生和驯化

这是一本关于非洲动物的画册，它是德鲁老师的课外项目中孩子们最喜欢的一本画册，尤其是其中有狮子、猎豹和其他大型猫科动物的照片。这本画册是一本大开本的精装画册，照片轮廓鲜明、色彩鲜艳，其中一些照片描绘了大型猫科动物捕捉和撕咬黑斑羚和其他猎物的可怕场景。孩子们发现这些照片既可怕，又让人无法抗拒。一小群孩子一起看这本画册并进行交流，大家频繁地尖叫和赞叹，并就如何避免被狮子吃掉展开激烈的讨论。

在他们的游戏中，孩子们试图捕捉和"驯服"其他假装成野生动物的孩子。在通常情况下，"野生动物们"会让自己被抓住和驯服，但过了一小段时间，他们就又恢复了野性。孩子们多次重复这个游戏，每次略有不同，并经常转换角色。德鲁老师认为，这为孩子们提供了一种健康的方式，让他们在没有后果的情况下做"坏事"，努力解决冲动控制的问题，并学习如何管理他们的愤怒和其他强烈的负面情绪。

为此，德鲁老师确定了"野生和驯化"这个主题，其目的是帮助孩子们更清楚地理解控制的概念，以及与之相关的感受和需求。为了实现这个活动目标，德鲁老师引入了丰富的新活动，在探索野性与温驯、失控与受控的过程中，促进儿童对高阶思维技能的使用。这些活动包括阅读和讨论相关的书籍、创编故事，以及将创编的故事作为想象游戏场景的基础，从而增加故事的复杂性。

在这些活动中，德鲁老师抓住教育时机，通过在讨论中提出精辟的问题来调动儿童的高阶思维。他们阅读和讨论的书籍包括《野生动物在哪里》（*Where the Wild Things Are*, Sendak, 1963)、《狮子和老鼠》（*The Lion and the Mouse*, Pinkney, 2009)、《大卫，不可以！》（*No, David!*, Shannon, 1998)，以及大卫系列的其他几本书。

德鲁老师带领孩子们经历了创编"连环故事"（本章的后面有介绍）的全过程。他们创作的其中一个故事讲述了一只老虎被马戏团抓住和驯服，并学习在马戏团里表演。它想念家和家人，但经过多年的时间和很多次失败的逃跑尝试后，它才有机会逃回家。在这些年里，它以惊人的技巧成了马戏团里的明星。它很高兴能回家并与家人团聚，但没过多久它就感到不安和无聊。家里没有马戏团里的生活那么刺激，没有人欣赏它的表演，现在它想念自己的人类和动物朋友。最后，它与马戏团的经理达成协议，如果它在一年中能有一半的时间待在家里，一半的时间回马戏团表演，那么它就会回到马戏团。

德鲁老师向孩子们提出了探究性问题，引发（引导）了有意义的讨论："某种真实存在的动物，可以既是野生的，又是驯化的吗？那会是什么样子？一个人可以是野蛮的吗？温顺呢？请描述一个野蛮的人和一个温顺的人。什么会导致一个人变得野蛮？一个野蛮的人可以变得温顺吗？如何改变？一个人可能既野蛮又温顺吗？那会是什么样子？"在孩子们表演故事和即兴创作故事情节时，德鲁老师仔细地观察他们对控制的思考的变化、所关注的控制的各个方面，以及任何可能出现的新关注点。

幼儿园和学前班项目中常见的主题，例如交通、社区工作者、冬季（和其他季节）及节日等，更多调用低阶思维技能，而非高阶思维技能。如果教师需要使用这样的主题，那么可以将其纳入更广泛的高阶思维主题，使之更加有效。例如，关于季节性变化的主题可以纳入"变化"的主题，并强调冬季。活动可以涉及区分不同季节的变化，确定季节性变化的原因（建立因果关系），调查这些变化是如何联系和循环的（综合和归纳），以及它们如何影响儿童的生活（建立因果关系并生成想法）。变化发生在自然界的所有事物上，包括人类。正如地球的公转——围绕太阳运行一整周需要一年时间——引发四季的变化一样，时间和事件的进程也使人们的生活发生变化。出生、结婚、离婚和死亡改变了家庭。儿童长到5岁和开始上学前班（也许第一次坐校车），意味着他们将面临学校、

教师、朋友和日常活动的变化。

设计出能够使高阶思维主题所涉及的概念具体化、交互化的活动，并让年幼的学习者能够理解，这可能是一项具有挑战性的事情。另一个挑战是在活动中激发学生的高阶思维，以加深其对概念的理解。因此，我们应该提前计划高阶思维主题，以便有充足的时间研究这一话题、开发有效的活动、确定课程资源，并获得优质的材料。

项目和调查：在行动中探究

开展项目和调查是探究式学习的策略，也是实施高阶思维主题、回应问题和困惑的理想选择。探究式学习提供了很好的机会来整合领域内的学习内容、观察学生的思维方式、为知识和能力提供支架，并通过故事、照片和视频来记录学生的努力、问题解决策略和思维的变化。

项目持续的时间较长，涉及多个相关的活动。在通常情况下，这些活动会创造出一个或一组最终产品。项目通常与主题有关，也可以与基于该主题的其他项目同时进行，以应对重要而复杂的议题、困惑或疑虑。

与开展项目相比，进行调查是一种持续时间较短且不太全面的策略，对回答某些特定的问题或理解基本的概念和想法很有效。调查是发现问题的答案和理解想法的过程。被告知一个答案或解释，只涉及低阶思维技能（识别和记忆），而调查涉及高阶思维技能。当然，不是每一个问题或想法都可以或应该成为调查的对象。但是，教师可以在回答问题或开始简要解释一个想法时，偶尔问一下"你是怎么想的"，以此来引发简短的、小型的调查。

开展项目和调查是由探究驱动的、灵活的、开放的过程。在这个过程中，计划和活动，甚至是最初的探究路线，往往会根据儿童学到的东西而不断改变。即使一个项目的最终产品是事先计划好的，它的结果也不是预先确定的。产品的具体内容或外在形式将是探究过程的结果。

以下是对两个项目的更全面描述，在探讨引发高阶思维的主题时，我提到了这两个项目。

- 这个为一至三年级学生设计的项目,将游戏开发作为实施"幸运并不持久"主题的一种策略。有四种类型的游戏:①输赢完全靠运气;②输赢大部分靠运气,小部分靠技能;③输赢大部分靠技能,小部分靠运气;④输赢完全靠技能。游戏可以是任何形式的,如棋盘游戏、运动游戏、电子游戏等。学生们研究现有的不同形式的游戏,这些游戏可以被归入上述四种类型。他们以小组为单位,开发一套含有四种形式的游戏,每个游戏对应某种类型,或者创造一个有四套规则的游戏。然后,他们对其进行测试,在必要时进行修改,并在以班级为单位组织的家庭游戏之夜中分享他们的成果。
- 这个为二年级和三年级学生设计的项目,与出类拔萃的人有关,是实施"好,更好,最好"主题的一个策略。学生以小组为单位制作多媒体展示材料,介绍他们所选择的在某些方面表现出色并取得巨大成就的人。他可以是一个名人,如运动员、演员、音乐家、科学家或艺术家。演讲内容必须侧重于此人的童年和背景信息,以及其如何取得成就的故事(非著名)。在每组展示完毕后,有一个由教师引导的讨论,该讨论聚焦于挑战和支持、努力的种类和程度、先天能力的作用,以及其他促成成功的因素。然后,学生就他们所认识的或与之相关的人做类似的个人展示。教师协助他们编制采访此人的问题。

通过调查,在适合年幼学习者的活动中,学生们体验了基础的研究方法。研究是我们探究的主要手段。尽管它可能是不完美的、错误的、误用的,有时甚至是虚假的,但我们拥有的每一项技术和服用的每一种药物都是研究的成果,同样研究使我们了解了关于古代历史、体内的细胞以及外太空的一切。下文将介绍两种类型的调查。第一种调查与引发高阶思维的主题——"这不公平!"有关,它考察了学生对不公平主张的普遍担忧。"是真的不公平,还是只是感觉不公平？"它使用了社会科学的研究方法。第二种调查与引发高阶思维的主题——"脑力"有关，并使用了为年幼学习者改编的文献综述法。

"这不公平！"：使用社会科学研究方法进行调查

这项调查始于一位一年级教师在无意中听到一些学生抱怨有太多的家庭作业。他们说，他们的家庭作业比哥哥姐姐们多，这不公平。该教师认可这是不公平的，但前提是这是真的。如果调查发现，一年级学生确实比高年级学生有更多的家庭作业，那么她承诺会减少作业。调查从明确以下研究问题开始：

- 一年级学生的家庭作业是否比二年级和三年级学生多？
- 一年级学生的家庭作业多（或少）了多少？

接下来是假设（一种归纳/理论化思维）："一年级学生确实有更多的家庭作业，他们写作业的时间比二年级学生多 30 分钟，比三年级学生多 15 分钟。"为了收集数据，一年级学生需要询问所有的二年级和三年级学生，他们通常每天花多少时间做家庭作业。此外，教师需要从二年级和三年级教师那里收集两周的家庭作业清单，统计每天的任务数量，以及他们对学生完成这些任务所需时间的估算。教师要和学生一起统计所有的结果（计算），解释她正在做什么和为什么这么做（示范），并尽可能地让更多的学生参与进来。然后她带领他们创建了一系列简单的图表，使数据可视化（表征）。在检查数据并进行简单的分析（例如，更多/更少，差异大/差异小/无差异，预期结果/非预期结果）后，他们可以明确地对研究问题做出回答，但愿此时放学的铃声没有响起！

"脑力"：使用文献综述法进行调查

这项针对幼儿园和学前班儿童的调查，是为了探索脑力（涉及高阶思维）的概念。更具体地说，这项调查关注如何利用脑力战胜体力或危险（尤其是对小人物或动物而言）。研究方法包括收集和回顾故事中的脑力策略，分析（一种思维过程）和综合信息（一种创造性思维技能）。故事包括童话和民间故事、当代儿童小说和非小说类书籍中的故事、报纸和杂志文章（由教师总结和复述）中的故事，以及来自学生家庭成员和学校其他教职工的个人故事。

在收集所有的脑力策略的过程中，教师引导孩子们寻找它们之间的共同点。这自然会引发儿童对它们进行分类（一种逻辑思维技能）。在每次阅读后，教师都会引导孩子们进行头脑风暴（生成想法）和讨论，并对各种策略进行描述、联想和辨别（一种逻辑思维技能）。识别脑力策略的类型是一个持续的过程，它们在调查过程中不断被增补和修正。学生们逐渐认识到可以用两种主要的方式——形式和目的——来描述这些策略，尽管有些策略不止有一个目的，有些策略不只属于一种形式。四种形式包括：语言（使用语言或声音）、身体（使用身体或位移）、视觉（利用身材矮小作为优势或使用伪装），以及辅助手段（使用道具或工具、获得盟友的帮助）。三个目的包括：避免被抓或避险，帮助他人，逃跑、防御或保护自己。这给教师和全班学生提供了一种方法和一些使脑力的概念更加具体和易懂的词汇。

为了帮助学生综合这些信息，教师使用符号和图形制作并张贴了一张分类表。当新的例子出现时，他们使用分类表将其与具有类似特征的其他策略联系起来并加以区分。他们还玩了一个简单的游戏，教师参照分类表，描述一个冲突、危险或可怕的情况（有些是幻想的,有些是真实可信的），让学生运用他们的脑力，安全、平和地摆脱这一情况。在适当的时候，他们可以将其表演出来。学生们可以用类似的危险情况来考验教师（许多情况似乎都涉及恐龙），这也是教师示范脑力活动的好机会。

重要的材料

大多数商业化生产的单一用途的材料就像低阶思维技能一样，具有功能性和必要性，但作用有限。这些材料包括常见的工具（如剪刀、订书机、尺子、笔和纸），以及教学材料（如拼图、手工材料、桌面游戏、大多数软件/应用程序和书籍）。这些教学材料需要有适合不同难度等级的多个版本。这样就可以满足一个典型班级中的学生能力水平和兴趣范围的需要，并为学生提供进步的机会，发展和提高高阶思维技能。一名学龄前儿童在学年开始时觉得拼 10 块拼图有难度，到学年结束时，他可能能够拼 30 块拼图。一名一年级学生在 9 月份还在为阅读《绿鸡蛋和火腿》（Green Eggs and Ham）而苦苦挣扎，到了新年他可能就能读懂更复杂的故事了。在本书中有一些教师利用童书来促进儿童发展高阶思维技能的例子。本节中讨论的所有材料——开放性材料、蜡笔物理学、游戏卡牌和其他材料的使用，不应局限于结构化活动。所有年级的学生都需要充足的时间来自由使用这些材料，并探索它们的可能性。观察学生的自主活动和游戏，可以为教师提供关于儿童思维的重要信息，也为培养或扩展学生的高阶思维技能和教授新知识提供自然的机会。

开放性材料

开放性材料是一组类似的物品，这些物品没有特定的功能，不限制使用方式。这些物品可以是小件物品（如各种珠子、贝壳以及收集的塑料瓶盖），也可以是大件物品（如木板和户外活动时使用的各种尺寸的盒子）。开放性材料也可以是可操作的材料，如电线、绳子、夹子、吸管、丝带和布。开放性材料为高阶思维提供了发展的空间。它们给予学生充分且丰富的机会来探索材料的物理特性，以多种方式对它们进行分类、排序和装饰，制作具有表征性或没有固定形式的结构，创造想象中的场景，以及开发游戏等。教师可以借助于开放性材料来生成有计划的或自发的、具有挑战性的、令人愉快的活动，以促进儿童高阶思维技能的全面发展。

开放性材料通常由自然界中令人赏心悦目的物品组成，如树枝、树叶、种子、带壳坚果，以及第三章的"思维游戏：石头游戏"中使用的石头。可以重复利用的廉价生活用品是宝贵的艺术、手工、数学和科学材料，能够促进高阶思维发展。这些材料包括彩色塑料吸管、雪糕棒、珠子、弹珠、不同颜色的回形针和衣夹、绳子、橡皮筋、电线、毛根、木屑、螺丝、螺母和螺栓、丝带、纽扣和布料。

商业生产的开放性材料产品或套组，主要是建构玩具（拼插塑料积木和木质积木）或数学操作材料（不同形状或立方体的组合）。材料套组是对开放性材料的补充，所以最好是两者都有。材料套组提供了具有特定功能的一致且坚固的物品，特别适用于表征和逻辑任务，但其目的和用途有限。开放性材料的使用目的和用途几乎是无限的，但可能是短暂的，并不总是对表征和逻辑任务有帮助。

开放性材料需要有序的陈列和展示，这样能保证它们在视觉上有吸引力、井然有序、易于拿取和收纳，使它们经常被使用并得到妥善养护。可用于组织、分类、创造和发明的开放性材料，包括各种大小的容器、盒子和托盘，以及放大镜、白纸、记号笔、有大方格的图画纸、骰子和游戏转盘。更多信息参见戴利和别洛戈洛夫斯基的著作（Daly & Beloglovsky，2014）。

户外的开放性材料可能由废旧材料或成品材料组成，甚至两者兼有。废旧材料可以包括各种长度的结实木板、各种尺寸的结实木箱、绳子、床单和防水布。孩子们可以创造任何他们能想象到的东西，并将他们创造的东西用于社交—想象游戏（假装游戏）场景或自我挑战。开放性材料常常与更标准化的、不可移动的场地设施一起使用，这样在结构上可以更稳定。成品材料本质上是建构玩具的放大版。它们可以是大型的空心木质积木（大积木）、塑料拼接砖或塑料管、管道和连接器。

技术：大多以低阶思维为主，高阶思维较少

计算机硬件、实用软件及应用程序可以成为教师开展高阶思维教学的有效工具。它们使儿童的学习具有生动性和交互性，能够提供数以百万计的资源和信息来源，还能够保存和展示儿童的作品等。但是作为年幼学习者的工具，很少有促进其高阶思维的软件，大多数软件都是强化低阶思维的。许多为青少年学习者提供资源的网站看起来过于花哨、商业化，而且不是为非阅读者（甚至是初级阅读者）设计的。一个令人感到惊喜的网站是纽约大都会艺术博物馆的网站，它在关注艺术和创造力的同时，关注历史、地理和关于"大概念"（涉及发明、神话、时尚和体育）的信息，并且都是从博物馆里的艺术作品出发来鉴赏和分析。

现在有一些开放式的艺术工作室软件和应用程序，但是用真正的马克笔、水性笔和彩色铅笔绘图，用水彩和其他材料上色，才是创造性表达的更好选择。

有两个经过巧妙设计的软件/应用程序能够促进高阶思维技能（包括创造性思维技能）：蜡笔物理学和 ScratchJr（以及针对高年级学生的 Scratch[1]）。蜡笔物理学是一个计算机模拟游戏，以某种方式让人同时挑战逻辑思维和创造性思维，是真正的"思维游戏"。在纯粹的图形界面上，玩家被赋予一项任务，例如将一个球从一个高的平台上推下来，使其落在一个较矮的平台上。这个任务是通过绘制自由形状和线条来完成的，完成后这些形状和线条在空间中移动并相互作用，准确地遵循物理学定律。由于完成每项任务的方法不限，有些比较简单，所以目标在于以独特的、有创造性的方式完成任务。绘画可以通过使用鼠标或直接在触摸屏上完成。与艺术工作室软件不同，这些步骤只能在计算机上完成。此外，这些任务有不同的难度，所以学龄前儿童到成人都可以使用它。它是一个商业程序，但价格相对便宜。这是一个独特的游戏，没有其他类似的产品。它于 2009 年上市，希望它能在未来的很长时间内持续可用。

ScratchJr 和 Scratch 是编程软件，学生能够通过代码（符号）来编写计算机程序，创建简单的游戏和互动故事。前者适用于 5—7 岁儿童，后者适用于 8 岁及以上儿童。尽管与蜡笔物理学的类型不同，但它们同样提供了很大的创造空间，因为这两款软件几乎有无限的可能性。它们在编程方面强调逻辑思维，在内容方面强调归纳思维。学生需要有人指导和练习后才能使用它们，这一点与容易上手的蜡笔物理学不同。角色、动作和典型的计算机命令（开始或停止一个脚本，重复一个命令，回到起点）都由图标表示。学生们通过排列这些图标来创造自己的故事和游戏。一些命令表明用户需要做什么（触摸一个物体，输入一个数字或字母），这使学生能够创造游戏。对于高年级学生来说，Scratch 更接近于一种完整的编程语言。两个版本的软件都有丰富的教学资源，而且都是

---

[1] 是麻省理工学院开发的一款简易图形化编程工具。——译者注

免费的。ScratchJr 和蜡笔物理学是两个应用技术的例子，它们将技术的力量交到了年幼学习者的手中，同时带给他们愉快的游戏和思维严谨的学习。为年幼的学习者提供编写代码的工具和练习的类似软件和应用程序包括：适合 7 岁以上儿童使用的 Tynker[1]，适合 5—8 岁儿童使用的 Kodable[2]，适合 5 岁以上儿童使用的"编程老鼠迷宫"（Code & Go Robot Mouse Activity Set），适合 4—8 岁儿童使用的"学前儿童的速学课程"，以及编程学习网站上的其他课程。由于技术飞速迭代，其中的一些资源可能不再可用，而且新的资源肯定会被开发出来。在你的网络浏览器中搜索"少儿编程"，以获取最新的资源。

手工制作的材料：以数学扑克牌为例

由于教师了解学生的需求、兴趣和能力，因此由教师自己开发的材料可能特别有用和有效，而且会得到学生的喜爱和充分利用。教师和学生可以共同创造具有多种功用的物品，如各种类型和难度的游戏转盘和骰子、通用游戏板、乐透牌和数学扑克牌。数学扑克牌与标准扑克牌有相同的特点，但没有图片牌，而且花色由形状来表示。所有的花色由两种颜色——黑色和红色构成。扑克牌可以被称为"圆形 2"或"矩形 12"。这种扑克牌比标准扑克牌稍大，用质量好的硬卡纸制作，并经过塑封，这样它们能够使用更长的时间。

几乎所有可以用标准扑克牌玩的游戏都可以用数学扑克牌来玩，此外，数学扑克牌还有多种其他玩法。在图 8.1 所展示的部分扑克牌中，牌面最大是"12"，所以整套扑克牌有 48 张，但数值更大的牌可以以 4 张为一组添加进来，每种花色各 1 张。此外，还可以增加 4 张不同花色的数值为"0"的牌，以及一套"X 牌"。"X 牌"是自由牌，可以有玩家选择的任何数值，或者代表预先设定的指令，如"用乘法而不是加法"。这就引入了代数的概念，"X"代表一个未知数。用其他花色的卡片做套牌也是一个好主意，如使用椭圆、菱形、五角星和六角星。对

---

[1] 是少儿编程教学平台。——译者注
[2] 是一款儿童编程应用程序。——译者注

于年龄较小的学生,可以去掉数字较大的牌(例如,牌面最大可以是"5")。但是,需要增加更多的牌,因为大多数游戏需要超过20张牌。普通扑克牌中不允许有重复的牌,但数学扑克牌中重复的牌可能会在游戏中发挥重要作用。

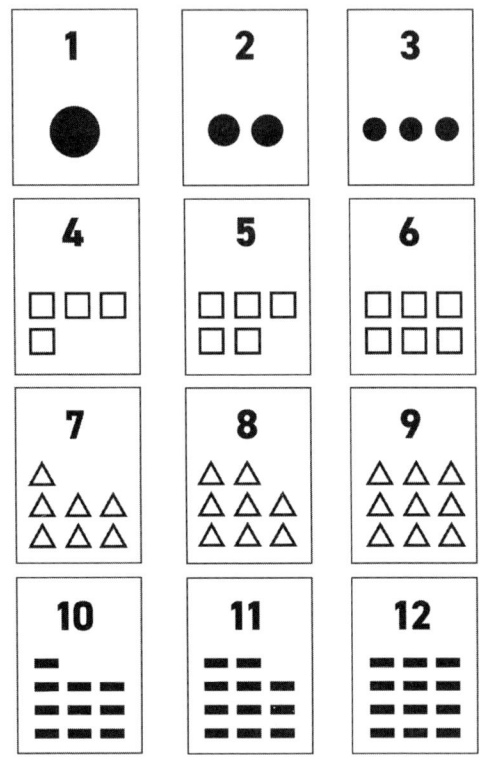

图8.1 数学扑克牌示例

数学扑克牌还有其他可能的变体。牌面上的形状可以随机打乱或以不同方式分组。例如,红色的九宫格牌可以调整为在最上面一排有4个图形,中间一排有3个图形,下面一排有2个图形,而黑色的九宫格牌则可以按相反的顺序排列。对于七八岁的孩子来说,一套牌可以只有黑色和红色的数字符号,每张牌上只有一个形状来表示花色。每间教室里都应该有多套不同版本的牌,以便几组学生可以同时玩,并能满足不同能力水平学生的需求。本章中介绍了"双胞胎"思维游戏及其变体,其中就使用了这些扑克牌。

游戏：从玩转玩具到玩转思维

随着学龄前儿童成为小学低年级学生，想象游戏（也称为假装游戏或表演游戏）逐渐从外在的游戏（如假扮成海盗或玩海盗玩偶）转向内在的心理游戏（如想象自己是一个海盗、阅读和谈论关于海盗的书籍、创编关于海盗的故事，以及区分关于海盗的事实和幻想）（Saifer，2010；Vygotsky，1978）。"玩转思维"是反映这一概念的表达方式，而玩转思维就是使用高阶思维技能。

幼儿期的游戏

引导幼儿开展社交—想象游戏不仅是一种教学策略，也是一种教学活动。根据发展心理学家艾莉森·高普尼克的说法："儿童运用自己的大脑观察和游戏时学到的东西，比坐下来让大人教他们时学到的东西要多得多……游戏不能让你在某一件具体的事情上表现得更好，但它会让你在许多不同的事情上更加灵活。"（Lewis，2016）然而，只有当教师支持儿童的游戏，以确保其富有成效、复杂性和多面性时，才能真正发挥游戏的价值。对于复杂的游戏，教师需要帮助儿童发展游戏技能，并提供充足和多样化的装扮服饰、道具和大积木。

课程开发者梁和博德罗瓦（2012）写了一份详细的指南，帮助教师支持儿童日益复杂的社交—想象游戏。它描述了复杂游戏（或者他们所说的成熟游戏）相关元素的不同水平（见表8.1）。游戏涉及计划、明确的角色划分、道具的使用（现实的、表征的、想象的）、较长的游戏时间、语言的广泛使用和一个确定的、灵活的场景（p. 29）。幼儿很少在其他游戏中表现出像在社交—想象游戏中那样复杂的心理活动（第四和第五阶段的水平）。它需要使用许多高阶思维技能（至少在基本水平上）。儿童会发挥想象力，同时与几个同伴进行社交互动，用语言引导游戏进程，协商角色和场景（解决问题），扮演不同的角色（转换视角），创造故事线（生成），以独特的方式使用道具（想象），以及移动身体等。

表 8.1　社交—想象游戏的复杂水平

	1. 初始脚本	2. 行动中的角色	3. 角色规则和初级场景	4. 成熟的角色、有计划的场景、象征性道具	5. 表演、多主题、多角色
计划	在游戏中没有计划。	在游戏中没有计划。	计划角色；在游戏开始之前设定好情节。	提前计划好每一个场景。	计划复杂的主题、场景、角色。花更多的时间在计划而不是表演上。
角色	没有角色。	先游戏，再决定角色。没有规则。	存在有规则的角色，但可以违反规则。	有复杂多样的角色。	同一时间扮演多个角色。角色间存在社会性关系。
道具	游戏中的物品仅仅是物品。	把物品当作道具。有道具的行动会产生角色。	需要为角色提供一个道具。	选择象征性的假装道具。	不需要道具来假装扮演一个角色。物品本身可以扮演角色。
游戏时间线	探索物品，但没有游戏场景。	创造维持几分钟的游戏场景。	创造维持10~15分钟的场景。	创造维持60分钟以上的场景。在有帮助的情况下，可以创造维持几天的场景。	创造维持一整天或好几天的场景。游戏可以被打断或重新开始。
语言	几乎不使用语言。	用语言描述行动。	用语言描述角色和行动。	用语言描述上演的场景、角色、行动。利用角色台词。	用语言描绘场景、角色和行动。书面语言被融入角色的台词。
场景	没有创造场景。如果脚本简单且可重复，则可以重复教师的行动或指导。	创造刻板的场景，包含有限的行为。在有帮助的情况下，可以加上示例角色和行动。	全都遵从熟悉的脚本。接受新的想法。	创设一系列协调的场景。场景可以根据之前的场景改变，也可以根据游戏者的意愿进行改变。	和第四阶段相同，但能借用故事和文学作品中的主题。

资料来源：Bodrova & Leong，2007.

教师应该在想象游戏中介绍内容知识，还是促进儿童高阶思维技能的发展？教师是不是应该要求一名假装在养鸡的学生，数一数他的鸡蛋盒里有多少个想象的鸡蛋可售卖？令人惊讶的答案是："不是！"教师在儿童想象游戏中的作用是，帮助他们在所能达到的最高水平上进行游戏，在游戏"卡住"或陷入混乱时帮助他们回到正轨，并帮助他们解决冲突。教师应该通过以游戏为基础的、调用高阶思维技能的活动来推动儿童对内容知识的掌握。思维游戏、认知活动、调查以及对重要材料的自我探索，都是非常适合教学内容的活动。

超越学前教育：基于情境的学习

4—6岁是儿童在教师的帮助下进行丰富而复杂的想象游戏，以及用重要的材料进行探索性游戏的时期，是为构建更高级和正式的高阶思维结构打好坚实而有灵活性的心理基础的时期。真正的构建过程从一、二年级开始。有效地构建这些结构，并确保其功能和持久性的最佳方法是，使用以游戏为基础的、好玩的教学与学习策略。这样，儿童就可以用较少的心理资源，在越来越高的水平上应用高阶思维技能和开发新的高阶思维技能。当通过游戏或以好玩的方式呈现时，智力挑战会更令人愉快并乐于参与其中。此外，有令人信服的研究证据表明，基于游戏的策略比直接教学更有效，特别是对理解性学习而言（Bonawitz et al.，2011；Buchsbaum et al.，2011；Clements & Sarama，2014；Hirsh-Pasek et al.，2009；Weisberg, Hirsh-Pasek, & Golinkoff，2013）。

尽管如此，在当今充斥着教育问责的焦虑氛围中，基于游戏的教学很难得到推广。首先，我建议把基于游戏的策略称为基于情境的学习，这是对游戏的主要特性的准确描述。游戏创造了赋予学习以意义和目的的情境。对于以游戏为特征的主动学习，也有其他"严谨"的术语来表达，如行动研究、探索、实验、情境学习、设计测试、数据收集、先导测试、理论检验、应用行动理论、嵌入式学习法和体验式学习。当然，结合术语可以使游戏听起来更加"严谨"，比如"通过基于情境的数学调查来探究游戏理论的应用"！

本书中的大多数活动都是基于游戏的，或者至少是好玩的。之前讨论的引发高阶思维的主题、项目和调查，为基于情境（指基于游戏）的学习提供了支持结构。下文中有一些关于游戏的想法，有助于促进儿童思维技能的发展，推动教师对一系列内容知识的教授。还有一些关于角色扮演和更类似于戏剧游戏的策略，非常适合学前班儿童。尽管成人对儿童的行为有（不切实际的）期望，但他们仍然需要通过身体动作、互动、语言来学习。虽然不是所有的教和学都需要以游戏为基础或好玩，但在一个活动或任务中加入一些游戏元素或一点趣味性并不难，而且并不费时。在这方面的少量努力会给学生带来很大的教育收益。对教师来说也有一个重要的好处——它使教学更加愉快。

思维游戏

游戏是非常棒的基于情境的教学策略。当游戏促进内容知识和高阶思维技能的获得时，就可以说它们是思维游戏。这些互动的、令人愉快的活动可能会涉及任何内容领域，同时促进中阶思维技能和高阶思维技能的发展。思维游戏通常要求学生同时或快速地、连续地使用两种或多种类型的思维。这些游戏还能够促进社交技能（如轮流游戏）的发展，也能培养执行功能（如集中注意力、自我控制、坚持和延迟满足）。在团队游戏中，思维游戏可以帮助学生学会合作。

虽然许多游戏是竞争性的，而且输掉游戏对一些学生来说难以接受，但当他们经常和定期地玩不同类型的游戏后，他们就会明白，每个人都有赢的时候，也有输的时候，特别是有运气因素的作用时。通过前面讨论的主题、项目和调查，教师可以进一步促进儿童探索和理解诸如运气、技能、联系、努力和技巧等概念，因为它们都与输赢有关。

儿童可以改编现有的游戏，或创造新的游戏，这要求他们在游戏过程中使用高阶思维技能。改编涉及分数或数字的游戏的一个快速方法是制定一个新的规则，比如较小的数字能够击败较大的数字。另外，获胜可能意味着拥有最少的牌或没有牌，拥有最低的最终分数，或者最后一个完成（比对手用了更长的时间）。在游戏中使用这种反直觉的规则可以让学生练习应用高阶思维技能，从而规避思维错误。

游戏规则可以定期改变，然后讨论这些改变对游戏的影响。学生可以为改变规则出谋划策（生成思维），并预测会发生什么（归纳/理论化）。玩不同类型的游戏，但运用或需要相同的能力或策略，或使用相同的游戏原理，有助于学生理解策略，并将其迁移到其他活动中（批判性思维技能）。例如，等待和观察时机是许多游戏中需要的一项重要能力和有效策略。有经验的球员/玩家有耐心等待棒球场上的一个好球、纸牌游戏中的好牌、捉人游戏中跑回基地的好机会，以及利用对手错误的好机会。虽然有耐心可能仍然是一种美德，但在流行文化中供年幼学习者模仿的典范似乎越来越少了。帮助学生迁移概念的另一个方法是提供同一游戏的多种变体，如下面的例子所示。

思维游戏：双胞胎

"双胞胎"游戏的基础版本与纸牌游戏"比大小"相同，但使用的是数学扑克牌（如前文所述）。对于两名玩家来说，扑克牌被分成两份，牌面朝下。玩家翻开自己这边最上面的一张牌，正面朝上放在桌子上。牌面上数字较大的玩家赢得比赛，可以拿走对方的那张牌。当牌面上的数字相同时，他们需要说"双胞胎！"，然后扣下两张牌，翻开第三张牌。拥有较大数字牌的玩家可以拿走对手的四张牌。如果这副牌中有重复的牌，那么一把牌中可能会出现"同卵双胞胎"。在这种情况下，需要扣下三张牌，翻开第四张牌。拥有所有牌的或在预设的时段后拥有最多牌的玩家成为赢家。

颠倒的双胞胎
在这个变体中，数字小的牌能够击败数字大的牌。

双胞胎：差额是多少？
玩家各自翻开两张牌，用大的数字减去小的数字（若数字相同，则等于零）。

差额的数值决定输赢。在游戏开始前，甚至在每一次出牌前，玩家就要决定是大的还是小的差值赢得这一轮。这个游戏的一个变体是需要翻开三张牌。

双胞胎：有限加法

除了改成把两张牌的数值相加，这个游戏与前一个游戏的规则完全相同。

双胞胎队伍

每队有两名玩家。纸牌被分成四等份。每名玩家翻开两张牌，要么相减（玩法和"有什么区别"一样），要么相加（玩法和"有限加法"一样）。每队的最终结果是两名成员的结果相减或相加，然后将两队的结果进行比较。使用一副数值大的牌或两副牌可以玩更长时间。

双胞胎队伍升级版

每名队员从牌堆中拿起两张牌。同一队的两名玩家一起看这四张牌，但不透露给对方的队员。他们将这四张牌排列成两组对子，要能让他们有最好的机会赢得接下来的两手牌。他们把牌放回自己的牌堆上，然后按照自己创造的对子打牌。这个过程在打完两手牌后重复进行。这个游戏也可以有所变化，如由每名玩家拿起三张牌，为接下来的三手牌制定策略。

双胞胎Ⅱ

"双胞胎Ⅱ"是"双胞胎"的另一个版本，而不仅仅是一个变体。除了"双胞胎队伍升级版"外，在"双胞胎"之前的变体中，获胜是一个运气问题。"双胞胎Ⅱ"引入了制定策略的过程（一种思维过程），尽管运气仍然发挥主要作用。在每一手牌开始时，玩家都可以看自己从牌堆顶部拿起的牌，而不给对手看。然后他们需要马上做出决策（另一种思维过程）：是出牌，还是"碰运气"。如果他们都选择出牌，那么游戏照常进行。如果玩家有一张数大的牌，那么他们倾向于这样做，因为他们很可能会赢（如果规则是数大者获胜）。但是，如果他们的牌数小，那么他们可以通过打牌堆中的下一张牌来提高赢牌的机会。然而，这有可能会失去两张牌。下面是它的运作原理。当两名玩家都拿着自己的牌时，玩家A说"碰运气"，因为他持有"圆形3"。玩家B持有"方块10"，所以没有说什么。他们都把自己的牌翻开，并放在桌子上。（如果两名玩家的牌面数字等同或玩家B

的牌面数字更小,那么游戏将照常进行。)由于玩家 B 的牌面数字更大,所以玩家 A 翻出自己牌堆中最上面的牌,并打出该牌。如果玩家 A 输了(例如,下一张牌是"三角形 5"),那么两张牌都归玩家 B 所有,"碰运气"的决定就没有回报了。当然两名玩家都可以选择"碰运气"的选项。"双胞胎Ⅱ"可以有和"双胞胎"一样的变体。

在下面的游戏中,可以使用任何内容领域的单词。这是一个巩固新词汇和概念的有趣方法。下面的例子所对应的内容领域是自然科学。

思维游戏:我说你猜

这个游戏在两组各 5~6 人时进行,当然也可以有更多人参与。教师向 A 组的一名学生展示一幅图片或大自然中一件真实的物品,该组的其他人不能看到它。这名学生被称为"学者"。这名学者的任务是在不使用物品名称的情况下描述该物品,而她的队友则试图猜测它是什么(推断、归纳、解释/综合)。该过程用秒表计时。如果这名学者说出了物品的名称,或者她的团队在一分半内没有猜到物品的名称,那么他们的游戏就结束了。接下来轮到 B 组描述另一个大自然中的物品(教师可能需要调整每轮的时间,使之对学生来说是最合适的)。同样的规则也适用于 B 组,猜得最快的小组得 1 分。如果两组都没能猜对,那么物品就被揭晓,两组均不得分。游戏继续进行,每组各有一名学生扮演学者的角色。在每名学生轮流扮演学者后,得分最多的一组就是赢家。游戏中的图片可以呈现一只鸟、一个鸟巢、一棵树、任何森林或丛林动物、一条河、一座山、一个瀑布等。来自大自然的物品可以是一片叶子、一块石头、一朵花、一个橡子(或其他种子)、一个苹果(或其他水果)、一个坚果以及其他小物品。

这个游戏还有一个优势,就是它需要的材料很少。事实上,它根本不需要任何材料就可以玩。随着学生对游戏的掌握更加熟练,有许多变体可以使游戏更具挑战性。能够阅读的学生可以得到一个单词，而不是一张图片或一个物品。学生可以猜测更抽象的东西，如故事中的人物、情绪，以及写作、烹饪、游泳和唱歌等活动。猜测具体的活动更具挑战性，这些活动可以涉及等待公共汽车、家庭度假、种植菜园。为了挑战思维极限，甚至可以猜"我说你猜"这个游戏的名称。游戏中所涉及的单词可以是一个内容领域中的概念，如重力、动词、赤道、尊重、原子、民主等。

下一个游戏是非竞争性的。事实上，它是关于合作和交流的。然而，它是本书中更具挑战性的游戏之一。这个游戏一开始需要大量的练习和教师的帮助，但这些努力非常值得。一旦儿童达到了适当的能力水平，他们就会喜欢独立玩这个游戏，并尝试各种变体。

思维游戏：描述它/画出它

两名学生面对面地坐在一张桌子前。每个人都有纸和铅笔。在他们之间有一个障碍物，所以他们不能看到对方的桌面。其中一人开始在他的纸上写一个数字或一个字母，然后指导他的伙伴如何写，并确保不说出数字或字母的名称（转换视角）。指示应该尽可能具体和详细，但不鼓励打手势。他的伙伴要按照指示在自己的纸上画画（推断、解析）。完成后，她说出数字或字母的名称。然后他们撤掉障碍物，确定是否正确。如果不正确，他们就讨论这个过程，并试图明确出错的原因（分析）（游戏的这一部分可能需要教师的支持）。然后他们交换角色，重复这个活动。游戏目标是尽可能多地连续正确，这就是他们的"得分"。教师帮助两人记录他们的得分，这样他们就可以努力做到最好。一名学生可以与不同的伙伴组队。

随着学生逐渐掌握这个游戏，它可以变得更有挑战性。学生可以写两位数的数字、两个字母或短语。在这个游戏的某个版本中，所有的数字和字母都是倒过来写的，并倒着描述它们的样子。额外的挑战可以要求使用镜像的字母和数字，使用常见的形状，然后使用不常见的形状，再使用多个形状，最后使用相交的形状。

下面这个以语言和读写为重点的游戏也是非竞争性和协作性的。学生不分组，也不计分数。游戏的乐趣在于想象，以及增强全班学生的集体想象力。

思维游戏：连环故事

教师通过描述一个吸引人的情况或事件来作为故事的开头，并示范正式的文学性语言。话题可以与某个主题或某个内容领域有关。开头的几句话要确立主要人物，并使情节开始发展。然后，学生有系统地轮流对情节发展做出贡献。教师要鼓励学生做出重大贡献，如创造情节转折点或新人物。教师可以根据需要利用问题引导学生。"接下来最可能发生的是什么？""会发生什么让人惊讶、有趣或对人有帮助的事？""你希望发生什么？""还有其他选择吗？"教师可能还需要帮助学生保持故事的基调，提供在故事背景下的合理想法，并提供足够的细节。

作为后续活动，可以将故事记录下来或将关键的情节要素写下来，这样就可以把它做成一本班级书籍。这很可能需要先进行大量的编辑。教师可以逐步引入倒叙、次要情节、旁白和设置悬念等文学手法，以增加活动的挑战性，并教授新的写作技巧。

下面列出的是在前几章中介绍过的思维游戏。

- "乐透的艺术"，重点是联想和辨别，涉及艺术和文化知识。
- "指挥家"，重点是表征，涉及音乐和几何。
- "石头游戏"，重点是分类和推论，涉及自然科学和语言。
- "形状改变"，重点是想象和解决数学问题。

- "家庭群组"，重点是归纳/理论化，可以涉及任何内容领域。
- "押韵时间"，重点是开发创造性思维，涉及语言和读写。

蜡笔物理学是一个商业性的计算机模拟游戏，重点是开发创造性思维和逻辑思维，涉及物理科学和技术。

ScratchJr 是一款免费的软件，使年幼的学习者能够编写代码，重点是开发创造性思维和逻辑思维，涉及数学和技术。

案 例 研 究

案例研究不仅仅是为哈佛商学院的学生准备的。它们对小学三年级学生和研究生同样有效。案例研究是对现实生活中的情况或困境的简短描述，对年幼的学习者来说是有意义的、与生活相关联的。在通常情况下，学生们以小组为单位找出答案或提出解决方案。由于案例研究没有唯一的答案或正确的答案，所以能调动学生的创造性思维。话题范围可以从关照新转入班级的自闭症新生到回应学校将要关闭的谣言。开展案例研究能够激发儿童的逻辑思维（如建立因果关系），以及创造性思维（如归纳和综合）。下面的认知活动是具有挑战性的，但它所涉及的问题对年幼的学习者来说是有关联的、有吸引力的。

认知活动：不明霸凌者的案例

有人在操场上和社区里欺负学前班和一年级的学生。没有人愿意说出这个霸凌者是谁，因为这个霸凌者威胁说，谁告发他，他就打谁。霸凌者知道学前班和一年级的学生在说什么和做什么，所以他们中一定有几个人给霸凌者提供信息，以换取与霸凌者为伍的机会。没有教师或家长能够抓到霸凌者。

解决这个问题的最好方法是什么？学生们尝试想出几个解决方案，然后选择他们认为最好的一个方案。要想让一个解决方案被认为是最好的，就不能让任何人受到伤害，同时让霸凌行为不再发生。如果卑劣的行为能够转变为善良的行为，那就更好了。霸凌者不能被开除或以某种方式从学校和社区中移除。我们提醒学生，不一定要直接识别或处理霸凌者，霸凌者可能是一个男孩或一个女孩。另外，学生要思考为什么有人会欺负另一个人。

头 脑 风 暴

头脑风暴是快速、有趣的心理挑战。它很适合在课间或幼儿园的过渡环节中发挥"充电"的作用。与其他策略不同的是，头脑风暴并非用于教学内容或与某个主题相联系。它是有意为之的，因为它是对头脑的锻炼，就像课间休息或户外游戏是对身体的锻炼一样。其中有些活动需要在放学后和第二天开始前的几分钟内进行准备。这些活动涉及各种高阶思维技能，可以很容易地进行调整，以增加或减少挑战性。学生们可以单独、成对或以小组的形式来解决头脑风暴的问题。下面是一些例子。

- 找出房间里相似但不相同的两样东西。这可以调整为尽可能多地找出相似但不相同的东西，或者尽可能多地找出多对两两相似的东西。
- 找出昨天不在房间里的东西。为了增加挑战性，这个东西可以是无形的，如阳光、兴奋、安静、秩序、科学课或舒适（室温）。
- 找出今天不在但昨天还在房间里的东西。教师可以给予提示，使学生更容易找到。
- 找出房间里的三样东西，它们都是同一颜色的，但色度不同。如果要有更大的挑战性，可以想一件既不在房间里又是该种颜色的第四种色度的东西。
- 房间里有什么可以改变的地方（不用增加任何东西），足以使其更漂亮？更安全？更加友好？更加舒适？

幼儿可以寻找或定位某个物品，而不是识别它。对于这样的任务，学生可以结伴或以小组的形式进行。教师要调整难度，使大多数学生受到挑战，但仍能理解任务而不会感到太沮丧。随着时间的推移和学生熟练程度的提高，头脑风暴应该变得更具挑战性。对于一、二年级的学生和一些学前班的孩子来说，还可以增加另一个层次的挑战，让他们掌握更多的高阶思维技能：学生可以为其他学生和教师想出一些头脑风暴的问题。试图用真正困难的挑战来迷惑教师是学生们会喜欢的事情。

角色扮演和小品

如前所述，这些基于情境的学习活动特别适合学前班的学生，尽管它们对年龄较大的学生来说也是有效和令人愉快的。如果简单明了，它们对一些低年龄段的幼儿也有作用。在角色扮演和小品中，学生在教师建立的结构中即兴表演。角色扮演可以帮助学生更深入地理解想法和概念。它们还有助于学生练习使用新的技能、行为和词汇，在各种情况和背景下应用他们新获得的高阶思维技能（迁移）。这方面的范例是专注于解决冲突的角色扮演。学生们练习应用高阶思维技能——生成、评价和转换视角——来解决设置在有趣的、有时是幻想的情况下的常见冲突。一些解决冲突的角色扮演可以是：

- 协商轮流带班上的"霸王龙"（也就是教师）去散步。
- 在一次野餐中，三只蚂蚁平分剩下的半个苹果派。
- 制定一个程序来决定四名宇航员中的哪两名可以登月。
- 确定狗群中的所有狗如何应对那只专横刻薄的狗，如果它们不把所有的狗粮给它，它就不邀请它们参加它的生日聚会。

小品的规定性比角色扮演更强，涉及更复杂的即兴表演，因此更适合七八岁的孩子。小品可以以学生正在阅读（或听成人阅读）的小说，或者他们正在学习的非虚构传记或历史故事中的一个场景开始。学生们被指派扮演书中的人物或事件中的相关人员。只要角色是合理的，并且有助于或不影响故事的发展，就可以增加其他角色，让更多的学生参与小品的表演。通过加入不说话的角色，性格内向或正在学习英语的学生可能更愿意参与。在小品开始时，学生会尽可能准确地表演故事，但没有剧本。当然，教师会根据需要提供支架。然后，教师会鼓励和支持学生即兴创作，扩展故事内容，或者更深入地探讨。改变实际发生的事情是完全可以接受的，只要学生有意识地进行改编，而且改编是合理的。几乎任何内容领域都可以在小品中有所涉及。通过练习，年幼的学习者可以在表演小品时变得出奇地熟练。

结　　论

做出有意义的选择，与同伴合作，使用有意义的材料，以及通过与重要主题相关的游戏、项目和调查来学习，这些都为学生提供了多种多样的、重要的、有吸引力的机会来学习和练习各种高阶思维技能。虽然这些策略都能有效地促进学生发展高阶思维技能，但随着时间的推移，经常和定期地使用这些策略会增加每一个策略的有效性，并将高阶思维技能渗透到整个课程中。

随着时间的推移，通过不同经验的积累，木匠学徒学到的远不止是技能。她获得了对每种木材（"对木材的感觉"）和专业工具（"对工具的感觉"）的特质的理解。她开始内化"对工作的感觉"，看到"直觉经验"在预防和解决问题中的作用，从而实现精确性和创造性的最佳平衡（Kahneman，2011）。以同样的方式，学生从促进高阶思维的教师那里学到的不仅仅是知识。他们开始获得为理解、超越表面现象、完成具有认知挑战性的任务而学习的感觉。

有了本章中的信息和大量的实践，教师就能够很好地掌握高阶思维工具的最佳使用方法。然而，要想完全掌握，就必须充分利用教学中的机会，让高阶思维技能发挥作用。这就需要使用更具体的策略或技巧，直接激发儿童的高阶思维技能。

本章的主要观点

高阶思维教学策略是有助于教师促进学生发展高阶思维技能的一般教学策略。高阶思维教学策略涵盖以下几项内容：

- 社会性或合作学习策略；
- 有意义和有挑战性的主题活动；
- 基于项目的学习和调查；
- 精心挑选和开发的材料，包括室内和室外的开放性材料、某些计算机程序/应用程序和自制的游戏，同时有多种变体，以对所有的学生发起挑战；
- 基于游戏的和好玩的活动；
- 思维游戏或在教授内容的同时促进高阶思维的游戏；
- 案例研究，为学生提供一个相关的、现实的问题去解决；
- 快速解决思维难题，称为头脑风暴，为年幼的头脑"充电"；
- 能够让学生动起来，运用他们的整个身体，同时通过即兴的角色扮演和小品表演来练习高阶思维技能的活动。

讨论

- 教师怎样做才能确保学生在合作时有效地进行工作并获得积极的体验？教师如何防止或有效地干预典型的群体动力问题（如个别学生占支配地位、不参与或不负责任、把别人排除在外或争论过多等）？
- 讨论使用手机、平板电脑和电子游戏机等技术设备促进高阶思维的各种方式。
- 除了用"基于情境的学习"这一术语表示"基于游戏的策略"外，你还有哪些方法可以使质疑者相信游戏和有趣的活动是有效的教育方法？
- 还有哪些可能的好话题或案例研究的问题，对年幼的学习者来说是有关联的和有吸引力的？
- 还有哪些可能的好话题可以用于角色扮演和小品？

第九章　高阶思维教学技巧
——有目的的和好玩的

在上一章中，我们使用五金工具的类比解释了应用指导原则的一般策略。对于切割工具，应用"在使用前检查工具是否处于良好的工作状态"这一指导原则的一般策略是，确定刀片是否需要打磨或更换。然而，有一些磨刀技术比其他技术更高效，将大大提高获得预期结果的可能性。有些类型的刀片需要特殊的磨刀技术。使用错误的技术是低效的，更有可能导致没有效果（依然很钝）、有点效果（稍微尖锐）或负面效果（损坏）。

同样，本章中描述的技巧对于提高学生的高阶思维技能是最有效的，有些技巧是为了提高特定的高阶思维技能而设计的。这些高阶思维教学技巧在师生互动的层面上，为教师提供了一些具体的方法（涉及思维游戏、项目和角色扮演），能够在高阶思维教学策略的框架内发展学生的高阶思维技能。高阶思维教学技巧无论在个别层面上，还是在整体层面上，都为促进和提高学生的高阶思维技能这一任务带来了目的性。因为掌握思维技能以进行理性且严谨的学习，是一个长期、缓慢、审慎和费力的过程，它需要在较高的目的性下得到促进、引导和支持。这对于年幼学习者的教师来说尤为重要，因为他们能够在学生刚形成的、固有的思维技能的基础上，为即将到来的更加复杂的认知挑战"润滑"。

选　　择

每天多次提供不同的选择，为年幼的学习者提供了做出正确选择的机会。

在选择的时候使用高阶思维技能，会使其成为一个更加审慎、有目的的选择，并能在这个过程中产生新的见解、领悟和理解。选择是一种简单的决策形式，并不需要高阶思维。在大多数时候，儿童可以且应该迅速地做出无关紧要的选择——选择骑橙色自行车，还是绿色自行车——而无须评价或使用其他高阶思维技能。尽管如此，有时一些无关紧要的选择是由错误的或自动化的思维做出的，学习使用高阶思维技能以快速做出有目的的选择是非常有益的，可以带来额外的学习机会，如下面的思维快照所示。

思维快照：橙色是新的绿色

诺拉（教师）：蕾娜，我注意到你似乎总是选择绿色的自行车，从不选择橙色的。

蕾娜：橙色让我想到万圣节，这让我害怕。绿色就像树和草，这让我很开心。

诺拉：真有意思。橙色让我想起新鲜的橙汁，这让我很开心。绿色让我想到怪物和黏糊糊的东西，这让我害怕！（诺拉正在使用一些策略挑战蕾娜局限的思维。）

蕾娜：（笑）真的吗？也许我应该试着想想橙汁，而不是……你知道的。但我认为这很难做到。（转换视角）

诺拉：蕾娜，你骑过橙色的自行车吗？你可能会喜欢它，因为它比较新，而且比绿色的自行车稍大——会更适合你。对于自行车来说，有比颜色更重要的特质。这也适用于其他东西，比如鞋子，甚至人！

蕾娜：它会快一点吗？如果它更快，那么我就骑它。（生成想法）

诺拉：你看，对你来说有比颜色更重要的东西。嗯，它可能会更快。它不像绿色自行车那样链子都生锈了。

蕾娜：为什么生锈了？

诺拉：久而久之，水会使金属物品生锈。我想我们把它放在雨里太多次了。（她们仔细观察了链条。）看到锈迹如何使金属粗糙不平了吗？生锈的凸起导致链条晃动更大，比没有生锈的光滑链条更重，这使踏板更难转动。所以橙色自行车更容易比绿色自行车跑得快。

蕾娜：但我仍然认为，我不会真的喜欢它……一辆橙色的自行车。我可以涂漆吗？（联想/辨别、生成和重构）

诺拉：（笑）当你骑它的时候，我会考虑一下。

在这个思维快照的例子中，教师巧妙地纠正了学生的思维错误。蕾娜似乎相信速度是自行车的内在特质（内源启发法）。当诺拉解释说踏板可以转动链条，而更容易转动的链条更容易让骑手骑得快时，她重构了蕾娜的思维错误。她传达的概念是，速度的变化是自行车特定部件的质量差异与骑手的意志共同作用的结果。

教师可以给予年幼的学习者一份奇妙的礼物，帮助他们养成做出深思熟虑的，而非武断的、本能的或反应性的选择。知道一个人为什么要做一个特定的选择，并且有能力深思熟虑地做出选择而又不会顾虑太多，是一项重要的生活技能，有很多潜在的好处。为了培养深思熟虑地做选择的习惯，学生需要很多机会来练习做多种选择。大多数学生还需要一定程度的指示、指导和支架来使用高阶思维技能，并在做选择时有效地使用它们。

年幼的学习者应该比年长的学习者有更少和更有限的选择，所有的选择都应该是分年龄段的、可行的。所有的学生都应该接受挑战，在选择方面提高其当前的思维水平。

给予学生选择应该成为常规任务、日常生活和活动的默认模式。不应让一个阅读小组的所有学生（或整个班级）都读同一本书，而应让他们在阅读小说或者非小说类书籍之间做出选择，两者都是经过教师筛选的，教师需要确保它们是合适的、吸引人的。这提供了听学生们讨论和辩论的机会，培养了他们基本的决策思维技能。学前班的孩子们可以选择调查地震或飓风的原因和后果，幼儿园的小朋友可以选择在晨间环节唱哪首歌。

全班同学或学生小组做出选择是非常有价值的练习，但可能很费时间（详见第五章中的"认知活动：选出最佳地图"）。因此，教师需要给个别学生机会，让他们为全组做出选择。轮换表可以确保所有的学生都有相同数量的机会做出选择。要创建轮换表，需要在一张纸上垂直列出所有学生的名字，并将其贴在写字板上。通过在名单上向下移动一个黑色的小夹子，来确定下一个轮到谁来为小组做出选择。当轮到名单上最后一名学生时，将夹子移回顶部。如果某个学生缺席，那么就在他的名字旁放一个红色的小夹子，然后把黑色的小夹子移到下一个名字旁。红色夹子起到提醒的作用，要给缺席的学生一次新的机会。

每个年级的学生都需要有时间参与自己选择的活动。对于幼儿园的孩子来说，活动应至少持续60分钟；对于学前班的孩子来说，活动应至少持续40分钟；对于一年级学生来说，则至少持续30分钟；对于二年级和三年级学生来说，则至少持续20分钟。教师应该给学生提供可供选择的多种活动，包括分组游戏、消遣阅读、使用创造性的艺术材料和开放式的建构材料、绘制草图，以及参与复杂的社交—想象游戏。

高阶思维支架

支架是指帮助学生更有效、彻底、深入地或在一个略高于自身发展的水平上行动或思考。当学生不再需要帮助时，教师就可以撤掉支架，或者把支架抬得更高一点，再继续这个过程。支架可以是语言的、非语言的、肢体的或物质的。支架可以是鼓励的点头和微笑、非语言和语言的暗示、建议、高阶思维问题、身体上的帮助和材料。其中任何一种都可以用来激发高阶思维。对教师来说，关键的支架技能是：①在学生当前的能力、知识和思维水平之上搭建支架；②只给学生必要的帮助。支架是一种非常有用且高效的通用技术。它是个体化和促进发展、思维和学习各方面的关键策略。

有大量的机会支架高阶思维技能，而且效果都很好。这些机会体现在讨论、分组活动、思维游戏、认知活动、项目和调查中，当学生接触重要的材料时，

第九章 高阶思维教学技巧——有目的的和好玩的

当教育时机出现时,当帮助学生解决问题(如解决冲突)、选择/决策、分析和制订计划/制定策略(四个关键的思维过程)时。

下面的思维快照是一个支架儿童调查工作的有趣事例,由卢克·图希尔(Luke Touhill,2012,p.3)撰写,并经澳大利亚幼儿教育协会(Early Childhood Australia)批准转载。

思维快照:如何画一面镜子

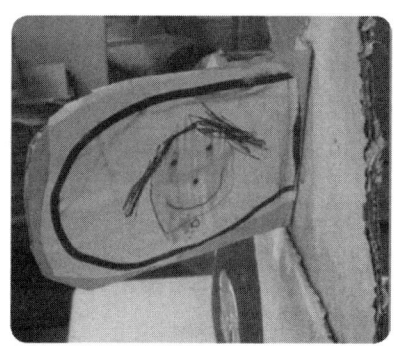

作为一个项目的一部分,孩子们需要把一个硬纸板箱变成一辆汽车,一群孩子自己设置了制造汽车后视镜的任务。一开始,这看起来很简单,但当开始工作时,他们很快就发现镜子实际上是一个很难画的东西。如何在静态图像中反映出映象不断变化的特征?我们花了一整个上午的时间进行激烈的讨论,多次跑到卫生间去看镜子,最终得出了一个可接受的解决方案。随着时间的推移,孩子们讨论并尝试用各种各样的方法来表现一面镜子。大部分的讨论都是自发的,但作为小组的引导者,我的作用是追踪事态发展并提出问题,拓展孩子们的思维,或者在他们陷入僵局时帮助他们打破僵局。没有时间的压力,也没有立即想出解决方案的需要,我们可以探索"镜子可以做什么"和"镜子是怎样工作的"等问题。孩子们一度倾向于寻找一些反光的东西来覆盖镜子的一部分。孩子们考虑过使用锡箔纸,但最终没有用,因为它虽然有光泽,但反光效果不够好。最后,大家一致同意,当照镜子时,我们会看到……自己!所以我们的汽车后视镜变成了一系列的自画像,每个孩子都画了自己在镜子里的样子。

在这个案例中,找到"正确的"解决方案并不重要。锡箔纸实际上可以作为镜子,跟在镜子里画后方的汽车或道路效果差不多。重要的是达成最终解决方案的思维过程。虽然这对孩子们来说很有挑战性，但同时很吸引人、很有趣。在努力解决画一面镜子的问题时，每个孩子都真正地开动了脑筋。当他们突然想到一个似乎对所有人都适用的方法时，那种成就感是对这个过程的重要认可。

教师支架了孩子们的问题解决和决策技能（思维过程），以及生成、表征和归纳/理论化等中阶和高阶思维技能。为了做到这一点，他提出了深刻的问题，建议孩子们观察实际的镜子来考察镜子的特性，并提供了各种各样的资源和材料（比如锡箔纸）。许多成人都认为锡箔纸是个不错的选择，但孩子们很有可能拒绝使用锡箔纸，因为他们的考察和讨论使他们得出这样的结论：镜子的定义取决于它的作用——反射图像，而不是它的外表多么闪亮。

线　　索

线索是一种提示。它们代表了一种启发或捷径，用于快速唤起学生的记忆。线索用来提醒学生使用高阶思维技能，并帮助他们有效地加以使用。线索跟详细且全面的解释不同，它们能最大限度地减少对讨论和活动的干扰。线索可以是非语言的（手势）、语言的、视觉的或者三者的结合。视觉线索使用简单的图形或符号，可以直接引出特定的高阶思维技能。它们是表征思维的一种形式（所有的线索都代表着更复杂的想法），要求学生推断它们的意思并做出回应（至少在一开始是这样，因为对线索的反应往往在一段时间后会变得自动化）。下面是一些线索的例子。这些都只是建议，教师应根据需要自由地改变或调整，以更好地回应学生的学习需求和思维方式。

非语言（手势）线索

- 双手放在头上，面部表情严肃：运用高阶思维。
- 做出暂停的手势，紧接着双手放在头上，表情严肃：停止并使用更高层次的思维。

- 双手食指指在太阳穴上,表情严肃:运用深度思维(批判性思维)。
- 食指放在嘴唇上,头微微倾斜,眼睛向上看,然后向左看,面部表情古怪:运用创造性思维或想象。

视觉线索

计算机图标、表情符号和那些用于表示可回收、无障碍停车场、洗手间和电梯等的通用符号的视觉信息,已经成为全世界常见的交流线索。其中很多都是视觉线索,并指导人们的行为:在哪里能停车、在哪里不能停车、在机场的哪个地方取行李、在哪里回收旧报纸、在医院的哪个地方可以找到候诊室。简单、清晰、容易理解的图形也是有效的教学材料,能够帮助学生(特别是不爱阅读的学生)记住一个概念的含义和目的,并指导学生的行为(包括他们的思维)。

每一种思维技能都可以用一个简单的图形来表示其含义或功能。以下是一些点子:

逻辑思维技能
- 计算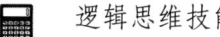
- 建立因果关系
- 表征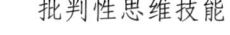

批判性思维技能
- 推断
- 转换视角

- 评价

创造性思维技能
- 想象
- 生成

语言线索

语言线索是非常简短、快速的提醒；否则，它们就是指示。

- 慢慢来。
- 别着急。
- 慢慢地思考 / 深入地思考 / 有始有终地思考。
- 使用高阶思维 / 深度思维 / 创造性思维。
- 避免思维错误 / 错误思维。
- 深入挖掘。
- 想象一下……
- 玩吧。
- 顺其自然。
- 玩得开心。
- 保持开放的心态。

示范 / 演示

示范或演示高阶思维的作用在于学生能够迁移信息（高阶思维技能），而非模仿（低阶思维技能）。做到这一点的一个好方法是出声思考，同时使用高阶思维技能或思维过程来完成既非学术也非常见的任务。例如，为了示范决策过程，教师可能会说："我必须决定外出的时候，是穿上我的新外套，还是把它留在这里。如果我穿它，穿上后觉得太热了，那么我就得拿着它。如果我把它放在外面，它可能会变脏，我还可能会忘记拿它。但是天太冷了，不穿外套不行……或者我可以带其他衣服。啊！我可以带件毛衣。"如果示范得好，那么这是一种明确的教授思维技能的有效技术，而不是说教或过度指导。这对具有情境型思维的学生尤其有帮助。

在第五章的"思维快照：为什么难以解释为什么"中，教师示范了回答"为什么"的问题的方式。他的目标是让学生学习回答这类问题时常用的词汇和各种可能的回答。这比利用出声思考来鼓励迁移而非模仿更棘手,因为教师正在某个学术任务中示范高阶思维技能,而这个任务也是他想让学生完成的。最后,他通过在学生给出自己的回答后示范他的回答来解决问题。

在上述的"思维快照:橙色是新的绿色"中有很多示范的例子。这种类型的示范大多是暗示性的——教师在与学生的对话中使用高阶思维技巧,尽管她偶尔会明确表达一些因果关系。暗示性示范消除了教师对学生只模仿而不迁移的担忧,它对学生思维的影响是间接的、长期的、难以看到或记录的。使用隐性教学所产生的间接的、长期的积极影响,可能是普遍的、强大的(Elango et al., 2016; Weiland & Yoshikawa, 2013)。经常用不同的方式对高阶思维技能进行示范,是确保隐性教学和有效教学的最佳方式。

在"思维快照:橙色是新的绿色"中,教师通过回应学生对橙色的消极归因和对绿色的积极归因来进行重构:"橙色让我想起新鲜的橙汁,这让我很开心。绿色让我想到怪物和黏糊糊的东西,这让我害怕!"当示范迁移时,她说:"对于自行车来说,有比颜色更重要的特质。这也适用于其他东西,比如鞋子,甚至人!"教师的解释示范了建立因果关系和推论,这些解释涉及生锈的原因、锈迹对金属的影响、锈迹使用踏板转动车轮变得更加困难的原因,以及这对自行车骑行速度的影响。最后,她示范了在决策前花时间思考的过程,通过说"当你骑它的时候,我会考虑一下",来回应学生想要给自行车刷漆的要求。

习语和格言

我们所使用的语言中充满了反映文化价值和共同智慧的常用表达。当教师使用这些习语或格言(也称为谚语、警句、名言、智慧之语)时,他们会帮助学生发展中阶和高阶思维技能,如表征、联想和辨别、评价和迁移。像线索一样,格言和习语也是一种启发;大多数是明喻、隐喻或类比,它们捕捉了一个想法或概念的本质(一种表征思维)。它们帮助学生发展、磨炼和拓展概念思维。就像线索一样，它们在行动前被当作一种提醒（"三思而后行"），同时用于在行动后进行评价（一种批判性思维技能）："你知道他们说的，'三思而后行'！"

习语和格言表征更大的概念或信息（一种逻辑思维技能），但不是明确或直接的。隐含的或间接的信息可以是非常强有力的。柏拉图也许是历史上最著名的教师，他知道语言的力量，因此在教学中经常使用比喻和类比。"三思而后行"隐含的信息是在行动前要谨慎、不冲动，特别是在大胆或冒险行动前要制订计划和思考。这些含义都包含在这五个字里！和其他格言一样，这句格言的力量在于简洁性（常见特点）、生动的想象和含蓄性共同作用的结果。这就是为什么这些表达被如此广泛地知晓、使用并流传下来。有些甚至可以追溯到几千年前。

当第一次介绍格言时，教师应该认识到学生是否理解它传递的信息。如果有必要，教师要帮助学生揭示它的含义。一种方法是遵循这句话的明确含义或更便于儿童理解的版本，试着匹配它的语气和节奏。比如，针对"不要过早乐观"这句格言，教师可以说："在你拥有某物之前，不要以为你会拥有它。""不要假设事情会像你希望的那样完美。""在你赢得比赛前，不要邀请朋友参加庆功会。"使用格言和习语还有另一个重要的原因：许多格言和习语涉及运用高阶思维的重要性，尤其是批判性思维和制订计划（一个关键的思维过程）。

通常意义上的高阶思维

- 三思而后行。
- 三思而后言。
- 在你假设之前，先学习。
- 在你判断之前，先理解。
- 保持开放的心态。
- 文胜于武。

批判性思维

- 不能以貌取人。

- 美貌是肤浅的。
- 远不止我们看到的那么简单。
- 发光的未必都是金子。
- 外表可能具有欺骗性。
- 再深入探究一点。
- 不要全盘接受。
- 体会言外之意。
- 看看背后的东西。
- 不要浅尝辄止。
- 不要相信你所看到/听到/读到的一切。

转换视角

- 这山望着那山高。
- 萝卜青菜各有所爱。
- 尺有所短，寸有所长。
- 情人眼里出西施。
- 要想评判一个人，先穿他的鞋子走一千米。
- 任何事物都有两面性。

逻辑思维与建立因果关系

- 世事有起终有落。
- 一报还一报。
- 自食其果。
- 不要本末倒置。
- 一分耕耘，一分收获。
- 小心驶得万年船。

制订计划

- 抱最好的希望,做最坏的打算。
- 早起的鸟儿有虫吃。
- 不要过早乐观。
- 切勿孤注一掷。
- 三思而后行。
- 别错失良机。
- 挤出来的牙膏是不可能再放回去的。
- 谋定而后动。

归纳/理论化

- 融会贯通。
- 拼凑起来。

创造性思维

- 打破常规。
- 独立思考。
- 不要为自己设限。
- 尽情发挥你的想象力。
- 眼光放长远。
- 想想不可想象的事情。
- 开阔视野。

类比、明喻和隐喻

在我们所使用的语言中,类比、明喻和隐喻非常丰富,以至于我们常常意识不到它们的存在。它们的数量成千上万,可以传递广泛的信息,是常见的修辞手法。其中有些内容特别适合促进高阶思维，因为它们非常生动、灵巧、有诗意或有深刻的见解。

- 这个（计算机/汽车/电话）是老古董了。
- 生活是一场舞蹈，不是一场赛跑。
- 他们就像同一个豆荚里的豆子，一模一样。
- 如坐针毡。
- 如鱼离水，不得其所。
- 就像一个未经雕琢的钻石，很有潜力。
- 她就像个提线木偶，任人摆布。
- 简直如同音乐一般悦耳，真是太让人满意了。
- 他还很青涩。
- 她才是操纵木偶的人。
- 他觉得自己是全宇宙的中心。
- 她真是娇艳欲滴。
- 他坚如磐石。
- 一切只不过是镜花水月。
- 这个计划摇摇欲坠，并不可靠。
- 顾左右而言他。
- 木已成舟。
- 米已成炊。
- 船到桥头自然直。
- 狗嘴里吐不出象牙。

近期出现了一种隐喻的用法，它来源于关于儿童发展的一个研究——"棉花糖实验"（Mischel, Ebbesen, & Zeiss, 1972）。"吃棉花糖"意味着冲动行事，屈服于即时的满足感，没有足够的自制力来等待更好的东西，即使知道等待后一定会有更好的东西。这个隐喻通常被表述为"不要吃棉花糖"或"他吃了棉花糖"。

如果有必要，可以稍微修改一下类比，以帮助学生更好地理解或使其更适合年幼的学习者。"这就像在骨折的骨头上贴创可贴"可能比"这就像将绷带缠在子弹造成的伤口上"这个常见的类比更适宜。

创编一些与学生相关且易于理解的类比、明喻和隐喻，有助于示范创造性思维以及联想/辨别和表征等逻辑思维技能。流行儿童文学作品中的人物角色就是很好的创编来源：

- "你比那只没吃老鼠的狮子还善良！"[1]
- "除了青蛙和蟾蜍这对好朋友之外，你们俩是最好的朋友！"[2]
- "在一个糟糕的日子里，我搞得比哈利还脏！"[3]
- "这个房间看起来像大卫和好奇的乔治在这里开过派对！"[4]
- "我多大了？如果我是一只乌龟，我会更像莫拉，而不是忍者神龟。"[5]

学生也可以这样尝试。一个很好的开始是为常见的明喻想出新的说法。

- 像 _____ 一样安静。
- 像 _____ 一样光滑。
- 像 _____ 一样蠢。
- 像 _____ 一样深。
- 像 _____ 一样强壮。
- 像 _____ 一样锋利。

---

[1] 源于绘本《狮子和老鼠》(*The Lion and the Mouse*)。——译者注
[2] 源于绘本《青蛙和蟾蜍——好朋友》(*Frog and Toad Are Friends*)。——译者注
[3] 源于绘本《好脏的哈利》(*Harry the Dirty Dog*)。——译者注
[4] 源于绘本《好奇的乔治》(*Curious George*)。——译者注
[5] 源于绘本《忍者神龟》(*Teenage Mutant Ninja Turtles*)。——译者注

高阶思维问题：玫瑰与荆棘

高阶思维问题通过运用高阶思维技能来促进理解性学习。一个高阶思维问题往往很复杂，通常会引出多种类型的思维技能（逻辑思维、批判性思维和创造性思维技能）。主要有下述两种高阶思维问题。

- **玫瑰问题**：这些问题揭示了学生的理解，就像阳光照透了花苞内的多瓣玫瑰。玫瑰问题为教师提供了关于学生思维方式的重要信息，并帮助学生更有目的性地思考。它们有助于学生意识到自己的思维过程和风格。在通常情况下，人们会依次问两个或多个玫瑰问题，从而揭示出更多层次的"花瓣"。玫瑰问题可能是："对于所发生的事情，你还能说些什么？你还看到了什么？你是怎么做的？现在正在发生什么？你对这种情况有什么看法？你如何解释正在发生的事情？"
- **荆棘问题**：这些是挑战学生思维的问题。虽然它们进一步揭示了学生的思维方式，但其主要目的是激发学生在学习过程中使用新的或更高水平的高阶思维技能。就像"没有不带刺的玫瑰"一样，学生对玫瑰问题的回答反映了荆棘问题，学生对荆棘问题的回答反映了玫瑰问题。荆棘问题可能是："故事的另一面是什么？接下来会发生什么，为什么？所有可能的结果是什么？你能通过改变什么来改变结果？可能发生的最坏情况是什么？最好的结果是什么？"

下面的思维快照中包含了许多高阶思维问题（玫瑰问题和荆棘问题）的例子，这些例子描述了一名幼儿教师如何帮助幼儿解决一个工程问题，并且展示了教师如何将一连串的高阶思维问题作为支架儿童发展高阶思维技能（解决问题和理解某些物理科学概念）的过程的一部分。

思维快照：让水流进去

4岁的西蒙既害羞又机灵。像往常一样，他一个人在水桌旁玩。他用一个小漏斗把水从一个沙滩桶里倒进一个透明的细颈塑料瓶里。虽然他可以很利索地把水倒进瓶子，但漏斗很快就会盛满，然后溢出来。看到他的挫折感，他的教师纳迪娅使用一连串的高阶思维问题和其他支架策略帮助他寻找解决方案。

纳迪娅：西蒙，你希望发生什么？

西蒙：水进得更快，而且不会溢出来。

纳迪娅：这是怎么回事？什么原因可能导致水溢出来？

西蒙：我不知道。也许就是不得不溢出来。

纳迪娅：也许吧。但如果你运用一些高阶思维，我相信你能想到一些改变的方向或做出一些不同的事情，可能会阻止水溢出来。（稍停片刻后）你有什么主意吗？

西蒙：嗯……我不能改变它（指着漏斗），因为它是唯一的。

纳迪娅：所以你的意思是，更换漏斗可能会解决问题？你可能是对的。如果我们有很多不同的漏斗，你会选择哪个来解决问题？它和这个会有什么不同？

西蒙：也许比这个还要高。

纳迪娅：嗯……我看到科学桌上的另一个漏斗看起来更大，这可能意味着它是一个更高的漏斗。你可以拿来并试着使用它。当你需要帮助时就直说。不必为难自己！

（西蒙拿着漏斗回来了。）

纳迪娅：有句谚语是"如果你不问，答案永远是'不'"。看，你认为只有一个漏斗，没有其他的漏斗……直到你问我！如果这行不通怎么办？如果水仍然溢出来，你该怎么办？

西蒙：有更多的漏……漏斗吗？

> 纳迪娅：我认为没有了。但是还有三种你可以改变的东西：桶和瓶子是两种东西。我们有很多不同的瓶子、杯子和容器可以供你尝试。第三种可以改变的东西是水。
>
> 西蒙：我能改变水吗？
>
> 纳迪娅：在某种程度上可以。你可以改变倒水的方式——慢一点、快一点、高一点、低一点、颠倒过来、在盒子里和狐狸一起（in a box with a fox）！
>
> 西蒙：在房子里和老鼠一起（in a house with a mouse）[1]！
>
> 纳迪娅：完全正确！所以，我有一个问题。哪一种倒水容器、漏斗、装水容器和倒水方式的组合能最好地解决水溢出来的问题？你愿意调查这个问题吗？
>
> 西蒙：好的。
>
> 纳迪娅：慢慢来。尝试多种不同的组合。等你做完了，我们再谈。

在上面的思维快照中，当教师看到孩子费劲地做某件事后，她问的第一个问题是："你希望发生什么？"这个问题的目的是了解学生的观点。这不是一个高阶思维问题，但旨在为接下来的高阶思维问题奠定基础。

她问的第二组问题是玫瑰问题："这是怎么回事？什么原因可能导致水溢出来？"回答这两个问题需要建立因果关系，并使用推断和归纳思维。这些问题的目的是帮助孩子更深入地（批判性地）思考问题的因果联系。教师从孩子的反应中得知这是一个症结所在。西蒙说："我不知道。也许就是不得不溢出来。"这些问题可能太概念化了——有点超出他的理解。他可能需要帮助来发展或改善因果思维以及归纳和推断思维。为了确定这一点，并继续支架思维过程，教师会问一个涉及行动方向的问题。

她询问幼儿的想法，让幼儿想办法换一种可以防止水溢出的东西［这只是

---

[1] 与教师上一句话中的"在盒子里和狐狸一起（in a box with a fox）"一样，均属于节奏感很强的韵文，用了重复的句型结构，来源于教师和幼儿一起阅读的绘本《绿鸡蛋和火腿》。——译者注

《危险边缘》（*Jeopardy*）节目中的一个问题］。在这个荆棘问题中有一个支架，可以帮助幼儿把注意力集中在他可以改变的事情上。在提供挑战的同时提供支持，对年幼的学习者特别有帮助。教师使用了非常有效的沟通策略。她间接地传达了对幼儿能力的积极评估，这是一种激励并有助于幼儿提升自信。这个问题引出了生成思维，建立了因果关系，但根据任务的不同，它也可以引出其他高阶思维技能和任意数量的高阶思维技能的组合。

孩子说他不能改变漏斗，因为没有其他可用的漏斗。这表明，他已经对问题的原因和如何解决问题提出了一种理论或假设，但他认为自己无法对此采取行动。

在回答之前的问题时遇到的困难，不是因为他的概念思维薄弱，也不是因为他无法建立因果关系，而是出于其他的原因。也许是问题本身而非它所代表的概念太含混不清。西蒙所说的"也许就是不得不溢出来"的原因，在这个回答中被揭示出来。他觉得没有办法改变漏斗。这名学生在解决问题时遇到的困难（至少针对这个问题），可以归因于影响他运用良好的思维技能的因素——可能是他害羞的个性。教师意识到了这一点，提醒他要善于寻求帮助。

然后教师给了他一个智力上的挑战——一组荆棘问题，而不是给出建议或指示来帮助他前进。她让他在心中识别一个漏斗的哪些属性会让它更好用："如果我们有很多不同的漏斗，你会选择哪个来解决问题？它和这个会有什么不同？"这些高阶思维问题引出了想象、联想、辨别、评价和归纳。

随后教师和学生进行了交流，教师进行协助和指导，提供内容知识和一定程度的趣味性。然后，她问了另一组荆棘问题："如果这行不通怎么办？如果水仍然溢出来，你该怎么办？"西蒙的回答表明，他认为问题在于漏斗，而非存在其他问题。为了推进这一过程，并为幼儿参与探究创造条件（这也被称为"火花"），教师提供了信息和指导。由于调查将会涉及调查一个结果的多种原因和一个问题的多种解决方案，因此教师教导幼儿控制变量。

最后一个支架的形式是提出一个非常典型的荆棘问题："哪一种倒水容器、漏斗、装水容器和倒水方式的组合能最好地解决水溢出来的问题？"这项调查需要对建立因果关系、联想和辨别、推论、归纳、综合思维进行大量练习，毫无疑问，还要及时拖地！同样类型和顺序的高阶思维问题，能够有效支架幼儿园里的小朋友应对任何内容领域的任何挑战。

高阶思维问题通常是开放式问题，但并不是所有的开放式问题都能引出高阶思维，或者有目的地引出高阶思维。开放式问题描述的是问题的形式，而不是问题的性质。它们只是没有一个正确答案、不能用一两个词来回答的问题。然而，有些封闭式问题比开放式问题更有吸引力，更有教育价值。封闭式问题也可能需要儿童使用高阶思维技能来做出反应，并达到更高的思维水平。"思维快照：让水流进去"中的一系列问题就是封闭式问题，但引出了许多高阶思维技能。比如，"如果我们有很多不同的漏斗，你会选择哪个来解决问题？它和这个会有什么不同？"这些问题能够激发想象、联想、辨别、评价和归纳等。下面是另一个封闭式问题的例子，需要调用多种高水平的高阶思维技能来回答。这个问题是："报纸上的这句话是一种观点、一种作为事实提出的观点，还是事实？"开放式问题可能是模糊和做作的（"这是怎么回事？""它在这里有什么作用？"）、贬低和反问的（"你有什么毛病吗？"），或者看似是观点性的，但仍然只有一个或个数非常有限的正确答案（"什么是过马路的安全方式？"）。

虽然开放式问题可能缺乏目的性，但是几十年来，它在该领域内被广泛推崇为一种更好的提问形式、考量教学质量的关键指标，以及支架学习（特别是基于游戏的学习）的核心策略（Haden et al., 2016；Lee & Kinzie, 2012；Van de Pol, Volman, & Beishuizen, 2010；Weisberg et al., 2016）。高阶思维问题作为一个概念，通过对问题的性质而非形式的判断，重新定义了什么是好的问题。

火花思维

倡导火花思维的目的是让学生开启自我导向的探究或调查。火花以建议、想法、挑战或资源的形式出现，在探究过程中会涉及多种高阶思维技能。在上文的"思维快照：如何画一面镜子"中，教师建议学生们直接到卫生间研究镜子的特性。

在上文的"思维快照:让水流进去"中,一名学生面临的挑战是做出一些改变,以阻止水溢出漏斗,后续的挑战是研究最能阻止水溢出来的倒水容器、漏斗、装水容器和倒水方式的组合。教师还要确保学生有材料来完成这件事。

为什么用"火花"这个词?因为就像一些智者说的那样,教育是点燃火焰,而不是装满水桶。甚至有一个古老的表达,是对一个沉思者的评论:"我能闻到木头在燃烧。"

在一次有关太阳系的科学课上,一位小学二年级教师为她的学生们提供了一个火花。尽管他们看过行星绕太阳转的计算机动画,从儿童科学杂志上读过一篇简短的文章,观看过地球围绕太阳旋转的演示(有一个地球仪和一个代表太阳的球),但关于这些事件与黑夜和白昼、一年的长度、季节和天气之间的关系,目前还没有充分和明确的解释。在一次讨论中,她告诉她的学生,太阳不会升起和落下。在几名学生与她产生争论之后,她将全班分成了三组,每组的任务是要么证明她是错的,要么解释为什么她是对的。她为每个小组提供了资源——书籍、连接到相关网站的平板电脑、手电筒和球。在学生们开始之前,她给了大家一点帮助:"我说太阳不会升起和落下,我并没有说没有白天和黑夜。"

一个有效的火花包括以下内容。

- 正确的信息:教师提供有用的、相关的、可理解的、可操作的、能引导学生加深理解或学到新知识的信息。
- 正确的时机:应在适当的时机提供火花,此时,学生已做好准备、有积极性且十分投入。
- 正确数量的信息:对于火花,只提供必要的信息,以确保学生可以在没有或较少教师的帮助下进行探究。关于火花的语句要短小精悍。
- 必要的工具:教师为学生提供必要的材料和支持,使学生进行深入、彻底的调查。
- 提供帮助:学生知道他们可以根据需要找到教师和其他资源。

- 后续行动：通过告诉学生最后将会有一个"任务汇报"环节，教师让学生知道他们研究的过程、发现、见解和结果对她来说很重要，而且她很感兴趣。

"加热"一个活动

"加热"是指向低阶思维或实践思维活动中添加一个元素，引发一个或多个高阶思维技能的运用［它被称为"加热"，因为它使一个平常的活动成了一个高阶思维（热的[1]）活动；而且，热量通常来自"火花"点燃的火焰］。这通常可以轻松且快速地做到，比如添加"选择"这个元素，就像前文提到的那样。几乎任何活动都有许多增加创造性思维和批判性思维元素的方法，这对所有的学生和所有的思维方式都是有益的。例如，除了练习解决数学问题（计算），学生可以任意选择一个问题，并考虑添加以下元素：

- 两种不同的解题方法；
- 两种可能得到错误答案的方法；
- 另两道会得到同样答案的数学题——为了增加挑战性，这些问题必须使用不同类型的运算法则，并且不同于原问题中使用的运算法则；
- 可应用问题的其他情境（可以把应用的情境画下来、写下来、录下来或将三种形式相结合）；
- 一个包含该问题的方案；
- 一个使用书中角色和背景的词语类问题。

另一个是关于读写领域的例子。除了阅读故事并讨论情节、主题、事件顺序、人物和背景等元素外，学生还可以：

---

[1] 高阶思维（higher-order thinking）的英文缩写为"HOT"，有"热的"的意思。——译者注

- 把这个故事演出来；
- 创造一个新角色并添加到故事中；
- 想出另一个可以插入故事中的情节元素；
- 想出一个不同的结局；
- 将故事放置在不同的时间或地点中，并对故事进行相应的改编；
- 创作一个续集或前传故事；
- 创编一个主题相同但内容不同的故事。

这些活动不仅能激发学生的高阶思维，还有助于巩固学生对故事元素的理解。

结 论

本章中为说明教学技巧提供了一些活动案例，这些案例可以启发你为自己的学生设计最有效的活动。使用个别的技术可能会对培养学生的高阶思维技能产生一些影响，但是它们的累积效应的力量将对培养学生每种类型和最高水平的高阶思维产生最大的影响。

现在木匠学徒掌握了各种各样的工具，从常见但功能强大的锤子到专业的动力和手工工具。学徒知道它们的用途和功能、使用它们的一般原则（保养好它们）、应用这些原则的策略（使用前要检查斜接锯上的刀片），以及应用策略的技术（清洗脏的刀片，把刀片夹紧，然后用一个小的菱形锉刀沿着边缘平滑地向上锉，使刀片更加锋利）。

同样，教师们现在也掌握了所有的思维技能——从普通的低阶思维技能（如记忆）到强大的高阶思维技能（如解析作为事实呈现的错误陈述）。教师们了解了这些技能的目的和功能，知道使用这些技能作为教学工具的原则（活动应具有挑战性和乐趣）、应用这些原则的策略（思维游戏），以及应用这些策略的技巧（提供多种选择、提出具有挑战性的问题）。当全面提升儿童的高阶思维成为教师们的第二"天性"时，当高阶思维教学策略和技巧渗透到每门学科的每日课程中时，当高阶思维教学的存在使教学质量由良好迈向卓越时，就意味着教师们真正掌握了高阶思维教学的能力。

本章的主要观点

高阶思维教学技巧为教师提供了通过与学生直接互动来促进高阶思维的工具。它们帮助教师实施高阶思维教学策略——开展项目、游戏和案例研究。

以下是一些高阶思维教学技巧。

- 提供语言、身体和材料支架。
- 运用线索及时提醒学生使用高阶思维。
- 经常示范和演示高阶思维技能，让年幼的学习者明白。
- 使用比喻（如习语、格言、类比和明喻）来传达各种类型的高阶思维的重要性。
- 问一些问题，以帮助学生深入、彻底地思考，挑战他们使用多种高阶思维技能。
- 提供需要学生经常和有规律地使用高阶决策技巧的选择。
- 提供具有认知挑战性、有意义且相关的任务，即激起火花思维，涉及多种高阶思维技能的使用。
- 在一项活动中加入一种元素，或对其稍加修改，以激发高阶思维——"加热"活动。

讨论

- 你用哪些不同的方式来支架学生的学习？分享任何涉及支架儿童思维的例子。哪些思维技能得到了提升？支架提高了现有的思维技能，还是引入了一种新的思维技能？
- 你在小时候和学生时代从父母和教师那里听到过哪些常见的格言？它们表达了哪些关于思维的观点？它们如何影响你的思维？如果你有孩子，

你会对他们重复同样的格言吗？你会用新的格言吗？
- 你是如何为学生的行为、思维技能或过程做出示范的？你是如何在促进行为或思维技能迁移的同时避免模仿的？
- 你是否使用过其他技巧，或者你认为是否有本章中没有提到但可以促进高阶思维技能的教学技巧？

第十章 使用高阶思维开展读写教学
——渴望学习

　　是否有可能使用高阶思维教学来教授复杂的认知和技术技能（如阅读），或者复杂的认知和机械技能（如写作）呢？毕竟，练习书写字母"e"是一项必要且无关高阶思维的动作任务。同时，像学习识字、识别混合的声音或记忆高频词等任务，对于阅读学习是必要的，但这些任务往往只需要低阶思维技能。学习阅读需要大量的练习和努力。它包含与又长又陌生的单词做斗争，在文字中迷失又找到自己的位置，以及完成不那么有趣的任务。在阅读的道路上，那些单调的、重复的、无趣的练习是无法避免的。这条路需要更多的低阶思维，而不是高阶思维。

　　没错。这就是所有关于阅读的学习，都可能涉及且需要批判性和创造性思维的原因。如果我们这样做，那么颠簸、收费站和加油站将只是愉快的、充满冒险的旅程中的小麻烦。在所有可能且应该涉及高阶思维技能的事情中，最重要和最有影响力的是学生学习阅读的材料的质量。与任何高阶思维教学策略或技巧一样重要的是，要确保学生使用的材料是由成人使用高阶思维技能开发的。在商业化的阅读课程中我们常常会发现，不真实的阅读材料会牺牲一些具有教学价值的概念的意义。这也说明他们使用低阶思维技能代替了高阶思维技能。这种材料扼杀了学生想要阅读的动机。此外，高质量的阅读材料可以激发学生的低阶思维、中阶思维、高阶思维，以及阅读的兴趣。即使有这么多伟大的经典和现代儿童文学作品，选择高质量的、真实的阅读材料依然不是一件容易的事情。无论是学生自主阅读，还是教师读给学生听，都需要高质量的阅读材料。在每个年级中，学生们都需要从书中听到比其阅读水平高几个层次的精彩故事。

目前有很多很棒的适合儿童的书，本书中提到的这些书都符合高质量阅读材料的定义:《莉莉的紫色小包》（Henkes，2006a）、《野生动物在哪里》（Sendak，1963）、《狮子和老鼠》（Pinkney，2009）、《大卫，不可以！》（Shannon，1998）、《小黑鱼》（Lionni，［1963］，2013）、《田鼠阿佛》（Lionni，1967）、《自己的颜色》（Lionni，［1975］，2006）、《自由的苹果》（Turner，2016）、《霍顿孵蛋》（*Horton Hatches the Egg*，Seuss，［1940］，2013）、《霍顿与无名氏》（*Horton Hears a Who*，［1954］，2013）。这些作者对于儿童情感和认知需要、关注点及兴趣的深刻理解，反映了他们高水平的批判性思维技能。另外，正是高水平的创造性思维技能，使他们能够创作出儿童可以理解、产生共鸣且乐在其中的故事。

在本书中，我列举了许多学生能够练习和培养高阶思维技能的读写活动。我运用了逻辑思维技能，按照活动的主要特征对它们进行了分类。然后，我又运用了创造性思维技能，增加了一些新的活动。

有意义的、以学习者为中心的写作

支架式写作已经在第三章（关于表征的章节）中进行了讨论。由博德罗瓦和梁（2007）开发的支架式写作是一种读写发展策略，在这种策略中，处于前识字阶段的儿童使用线条代替文字来"写"出有意义、有目的的信息。这也是一个工具，教师可以将它作为常规写作的桥梁。

学生们书写自己的故事、制作自己的书籍。学生们制作书籍的活动中应当包含一个或多个高阶思维技能或过程。这些书需要具备目的和明确的读者，比如向父母或"未来的我"传达信息。这些书也可以反映或补充学生们最近读过的故事的风格或体裁。例如，在阅读《霍顿孵蛋》和《霍顿与无名氏》之后，二年级和三年级的学生可以研究大象是否真的忠诚、善解人意和具有保护性，并且撰写关于大象的社会特征的书籍。随后，他们可以参照苏斯博士（作者）

的风格或者霍顿这个角色，写一些关于大象的其他社会特征的奇幻故事。

学生可以写的另一种类型的书籍是指南，它包含批判性反思（一种批判性解析）。在学年快结束的时候，三年级学生为正在就读二年级的学生创作了一个生存指南，以帮助他们在三年级取得成功。同样，二年级学生为一年级学生、一年级学生为学前班儿童，以及学前班儿童为幼儿园的幼儿都可以写类似的指南。

作者和主题研究

本书的第八章中详细描述了一项包含作者和主题研究的研究。主题是"我和我们"，作者是李奥尼。他的书籍讲述了个体可以通过哪些方式拥有一个独特的身份，同时是一个团体内的重要成员。一只叫阿佛的田鼠在田鼠群体中找到了自己的角色——故事讲述者和诗人。小黑鱼的同伴都是红色的，它是唯一的黑鱼，但是当它们一起游动成一条大鱼来吓跑捕食者时，小黑鱼因其独特的颜色完美地充当了大鱼的眼睛。儿童文学作品中其他常见的主题包括：阿诺德·罗贝尔（Arnold Lobel）撰写的《青蛙和蟾蜍》等系列故事中的友谊；大卫·香农（David Shannon）撰写的大卫系列故事和莫里斯·森达克（Maurice Sendak）撰写的许多故事中父母对孩子无条件的爱；贝弗利·克利里（Beverly Clearly）撰写的关于雷蒙娜的故事、哈利·阿拉德（Harry Allard）撰写的关于纳尔逊小姐的故事，以及凯文·亨克斯（Kevin Henkes）撰写的莉莉的故事中时好时坏的师生关系。

文字游戏

押韵时间：通过图片或动作猜测押韵词。
我说你猜：通过描述猜测一个物体或想法。
连环故事：每个人都按顺序自发地创编一个故事。

类比和表达

在第九章中，基于文学作品的类比和表达包含："你比那只没吃老鼠的狮子还善良！""除了青蛙和蟾蜍这对好朋友之外，你们俩是最好的朋友！""在一个糟糕的日子里，我搞得比哈利还脏！""这个房间看起来像大卫和好奇的乔治在这里开过派对！""我多大了？如果我是一只乌龟，我会更像莫拉，而不是忍者神龟。"还有另一个类比和表达运用了《莉莉的大日子》（*Lilly's Big Day*, Henkes, 2006a）中的主题，它描述了像"斯林格老师婚礼上的花童"这样的愿景，或者像"在斯林格老师的婚礼上抛捧花"这样的动作。这是"不要过早乐观"和"空中楼阁"的结合，通过这些提示，学生可以基于他们读过的书中人物的性格和行为创建表达内容："这比（人物）的（行动或情境）更有趣。""你和（行动或情境）的（人物）一样聪明。"

"加热"一个读写活动

第九章中提到了在书籍和故事的讨论中增加创造性元素的想法，包括把故事演出来、为故事创造一个新角色、想出另一个可以插入故事中的情节元素、想出故事的不同结局、将故事放置在不同的时间或地点中并进行改编、创作一个续集或前传故事，以及创编一个主题相同但内容不同的故事。

支持每一名独特的读者

学习阅读需要大量的练习时间，我和我的三个孩子及工作过程中接触的许多儿童相处的经验表明，无论教学方法是什么，每个孩子都有自己独特的阅读学习方法。这就像写作一样——无论你教的是哪种风格或者你如何教学，每个人的写作风格都是不一样的。学习阅读的关键是花费大量的时间和一个专注的成人一起大声朗读，成人会明智地提供个性化帮助、帮忙纠错和提供关于阅读策略的建议；他还会帮助儿童专注于故事的意义和乐趣；最重要的是，他会给予儿童大量的鼓励。我的年龄最大的儿子在大部分时间里都是一个语音阅读者，我会帮助他学会使用语境线索和更多地关注意义。对于我的善用情境阅读的小女儿，我鼓励她放慢速度，偶尔大声读出一个词语。我的二儿子可以平衡地运用这两种阅读方法，所以我选择帮助他加强这两方面的技能，但在大多数时候，我只是尽量成为一个有耐心和乐于欣赏的倾听者。也许最好的阅读"课程"是给父母、社区成员、退休的朋友和亲戚、公司职员、高中生、志愿者等培训和支持，让他们能指导孩子大声朗读。

我从安托万·德·圣-埃克苏佩里（Antoine de Saint-Exupéry，2003）的著作中改写了一段话，以表达我对于阅读教学的信念。原话是：

如果你想要建造一艘船，不要招募人手去收集木头、分配工作或者发号施令。相反，要教会他们渴望浩瀚无垠的大海。

这句话并不只停留于字面意思，而是强调了内在动机的价值。我改写的内容也是如此：

如果你想要教会孩子阅读，不要让他们翻译无意义的字词。相反，要教会他们渴望一个地方，那里野兽咆哮、道路终止，但故事永远都不会结束。

附录 按内容领域交叉引用的活动

思维快照	艺术	音乐/戏剧	语言和读写能力	自然科学	物理科学	数学	历史/文化	社会/情感
它是猎豹吗?				动物的特征				
干旱	设计、创造			气候、干旱、生态				
让你的船浮起来			写作、研究		漂浮	收集/分析数据		
拯救大树			科学词汇、表达	植物学、生态学			城市社区	控制
让水流进去			《自由的苹果》绘本		水的特性			
哈丽特绕过高山		《她将会绕山而来》歌曲；歌曲起源					奴隶制、地下铁路	共情、同情
如何画一面镜子	表示反射的绘画				镜子、反光材料			
天要塌下来了吗?			母鸡潘妮的故事					
派对时间到								
莉莉	概念的图形表征		《莉莉的紫色小包》绘本；情节设置					
关于林肯的思考			传记				亚伯拉罕·林肯	信任

(续表)

	艺术	音乐/戏剧	语言和读写能力	自然科学	物理科学	数学	历史/文化	社会/情感
思维快照								
橙色是新的绿色					金属的氧化;齿轮、简单机械			偏好、偏见
重构一场家长与学校间的冲突								
向作家提出问题	艺术家在工作室工作		读同一作者的几本书,写作过程					
一顿特别的午餐						集合、绘图、加权、计算	基于文化的食物偏好	文化自豪感
为什么难以解释为什么			描述感受的词汇					表达感受
野生和驯化		把故事表演出来	创编故事	大型猫科动物,动物栖息地,野生/驯化的概念				冲动控制,强烈的情感
认知活动								
大脑诱饵	可以被改编为任何内容区域							
不明霸凌者的案例			神秘的故事					社会关系、反欺凌
发明家的发明	可以被改编为任何内容区域							
绘制地图	符号表征对象;俯瞰					用数字表征叙述标准		
选出最佳地图							参与民主进程	公平、欣赏他人的能力
相同的词,不同的意思			从言语模式推断意思					

（续表）

	艺术	音乐/戏剧	语言和读写能力	自然科学	物理科学	数学	历史/文化	社会/情感
思维游戏								
乐透的艺术	绘画、艺术家、流派、媒介	乐透卡可以反映任何内容区域						
连环故事			故事的元素，如情节、人物、背景					协作
指挥家		音乐指挥						
描述它/画出它	画		清晰、准确地沟通		画		清晰、准确地沟通	
我说你猜			词汇				词汇表	
家庭群组	可以被改编为任何内容区域							
石头游戏	颜色上的细微差别			石头的特质				
押韵时间	可以被改编为任何内容区域							
形状改变			描述性词汇				描述性词汇	
双胞胎								
思维主题								
脑力			罗尔德·达尔的书：《穿靴子的猫》和《大拇指汤姆》				正义，头脑胜过肌肉	感受到力量
好，更好，最好							公平的评价，共同掌权	能力的差异；欣赏他人的能力
幸运并不持久						机会，概率		
我和我们			李欧·李奥尼的书				为共同体做贡献	自我效能感
这不公平！							社会公正、公平、平等	公平
输赢								输了的感觉，做一个有风度的赢家

参考文献[1]

Abrami, Philip C., Robert M. Bernard, Eugene Borokhovski, David I.Waddington, C. Anne Wade, and Tonje Persson. 2015. "Strategies for Teaching Students to Think Critically: A Meta-analysis." *Review of Educational Research* 85 (2): 275–314.

Bloom, B. S., M. D. Engelhart, E. J. Furst, W. H. Hill, and D. R. Krathwohl. 1956. *Taxonomy of Educational Objectives: The Categorization of Educational Goals. Handbook I: Cognitive Domain.* New York: David McKay Company.

Bodrova, Elena, and Deborah J. Leong. 2007. *Tools of the Mind: The Vygotskian Approach to Early Childhood Education.* 2nd ed. Upper Saddle River, NJ:Pearson Education.

Bonawitz, E. B., P. Shafto, H. Gweon, N. D. Goodman, E. S. Spelke, and L.Schulz. 2011. "The Double-Edged Sword of Pedagogy: Instruction Limits Spontaneous Exploration and Discovery." *Cognition* 120 (3): 322–30.

Brannon, E. M., and J. Park, eds. 2015. "Phylogeny and Ontogeny of Mathematical and Numerical Understanding." In *Oxford Handbook of Numerical Cognition,* edited by Roi Cohen Kadosh and Ann Dowker, 203–13. Oxford: Oxford

---

[1] 为了环保,也为了节省您的购书开支,本书参考文献不在此一一列出。如您需要完整的参考文献,请通过电子邮箱 1012305542@qq.com 联系下载,或者登录 www.wqedu.com 下载。您在下载中遇到问题,可拨打 010-65181109 咨询。

University Press.

Buchsbaum, D., A. Gopnik, T. L. Griffiths, and P. Shafto. 2011. "Children's Imitation of Causal Action Sequences Is Influenced by Statistical and Pedagogical Evidence." *Cognition* 120 (3): 331–40.

Burgoyne, Alexander P., Giovanni Sala, Fernand Gobet, Brooke N. Macnamara, Guillermo Campitelli, and David Z. Hambrick. 2016. "The Relationship between Cognitive Ability and Chess Skill: A Comprehensive Meta-analysis." *Intelligence* 59 (2016): 72–83.

Celli, Lynne M., and Nicholas D. Young. 2014. Learning *Style Perspectives: Impact in the Classroom*. Madison, WI: Atwood Publishing.

Center for Public Education. 2007. "What Research Says about the Value of Homework: Research Review." Center for Public Education.

Chomsky, Noam. 1965. *Aspects of the Theory of Syntax*. Cambridge, MA: MIT Press.

Cimpian, A., and E. Salomon. 2014. "The Inherence Heuristic: An Intuitive Means of Making Sense of the World, and a Potential Precursor to Psychological Essentialism." *Behavioral and Brain Sciences* 37:461–480.

Clements, Douglas H., and Julie Sarama. 2014. "Play, Mathematics, and False Dichotomies." *Preschool Matters Today* (blog). National Institute for Early Education Research. March 3.

Collins, Robyn. 2014. "Skills for the 21st Century: Teaching Higher-Order Thinking." *Curriculum & Leadership Journal* 12 (14).

Covington, Martin. V., Richard R. Crutchfield, Lillian B. Davies, and Robert M. Olton. 1972. *The Productive Thinking Program. Columbus*, OH: Merrill.

Daly, Lisa, and Miriam Beloglovsky. 2014. *Loose Parts: Inspiring Play in Young Children*. St. Paul, MN: Redleaf Press.

de Bono, Edward. 1985. "The Practical Teaching of Thinking Using the CoRT Method." *Special Services in the Schools* 3 (1–2): 33–47.